写给儿童的

二十四节气

【立春 雨水 惊蛰】

智慧轩文化　编著

黑龙江美术出版社
HEILONGJIANG MEISHU CHUBANSHE

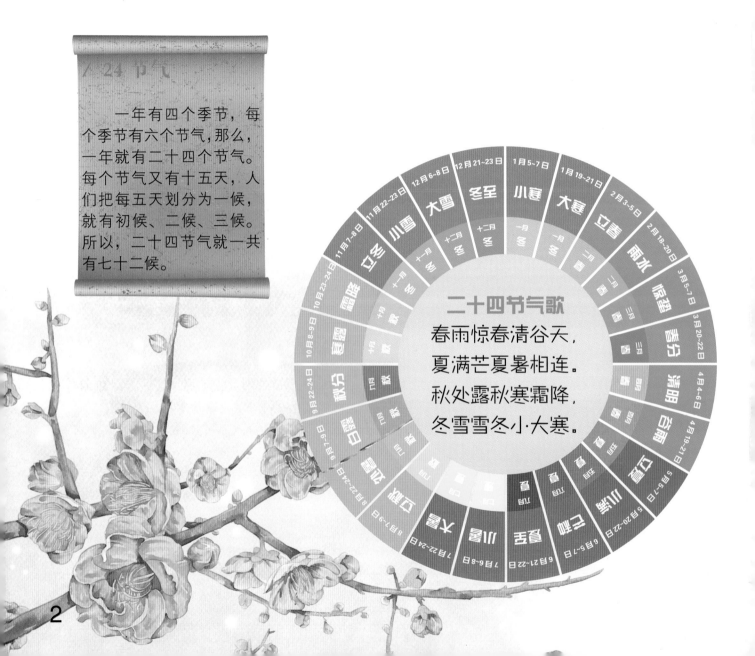

24节气

一年有四个季节，每个季节有六个节气，那么，一年就有二十四个节气。每个节气又有十五天，人们把每五天划分为一候，就有初候、二候、三候。所以，二十四节气就一共有七十二候。

二十四节气歌
春雨惊春清谷天，
夏满芒夏暑相连。
秋处露秋寒霜降，
冬雪雪冬小·大寒。

冬至 12月21~23日
大雪 12月6~8日
小雪 11月22~23日
立冬 11月7~8日
霜降 10月23~24日
寒露 10月8~9日
秋分 9月22~24日
白露 9月7~9日
处暑 8月22~24日
立秋 8月7~9日
大暑 7月22~24日
小暑 7月6~8日
夏至 6月21~22日
芒种 6月5~7日
小满 5月20~22日
立夏 5月5~7日
谷雨 4月19~21日
清明 4月4~6日
春分 3月20~22日
惊蛰 3月5~7日
雨水 2月18~20日
立春 2月3~5日
大寒 1月19~21日
小寒 1月5~7日

2

小贝："爸爸，大自然会说话吗？"

爸爸："当然，我的宝贝。植物发芽、开花、结果、凋零，动物冬眠、苏醒、生小宝宝、飞去南方过冬……这一切都是大自然的语言。"

小贝："那怎么样才能听懂大自然的话呢？"

爸爸："我们的祖先创立的'24节气'可以帮助我们。比如，立春时，迎春花会开；雨水时，柳树会发芽。我们还能根据节气判断天气的变化，知道什么时候该翻地，什么时候该播种，什么时候该浇水施肥。"

小贝："'24节气'真的这么神奇有趣吗？"

爸爸："不信，你瞧，积雪要融化了，春天要来了……"

/ 春回大地

　　"立春一日，百草回芽。"也许是感受到了春天要来的气息，小草从土里冒出了嫩芽。东风送来天气回暖的信号，积雪在悄悄融化。农民春耕要开始了。爸爸告诉小贝："立春之后，冬小麦要拔节了，春葱也要播种了。我们可得抓紧时间，耙地下种，浇水施肥，否则很难有好收成。"

立春

立春，通常在每年公历的 2 月 3~5 日到来。"立"在这里是开始的意思，立春就是春季的开始。立春后，天气逐渐变暖，白昼逐渐变长，万物开始生长。不过，冬天的寒冷还不能一下子结束，天气时常一会儿冷，一会儿热。而且，我国各地区的气候不一样，立春后真正明显感到春天的温暖的，只有南方一部分地区。其他地区仍然比较寒冷。

立春偶成 [宋 张栻]

律回岁晚冰霜少，
春到人间草木知。
便觉眼前生意满，
东风吹水绿参差。

/ 倒春寒

立春之后，天气变暖了，突然，又降温了，北方甚至下起了春雪，这就是倒春寒。这时可得注意保暖，否则容易感冒。

/ 油菜抽薹

油菜长出了小小的花骨朵儿，枝条伸长，植株变高，开始抽薹了。这时候的油菜吸肥量和需水量都比较大。适当追肥、灌溉，才能促进它的生长、开花，以后结的菜籽才会饱满。

/ 初候　东风解冻

立春日后，气温回升。温暖的春风吹来，被冬寒困住的大地妈妈开始解冻了。自然万物开始复苏，萧条光秃的植物准备发芽了。

/ 二候　蛰虫始振

躲在洞里冬眠的小虫子慢慢苏醒了。不过，洞外还不够暖和，它们只好在洞里伸伸懒腰。

/ 三候　鱼陟负冰

水暖了，之前伏在水底的鱼儿游上来了，吸吸氧气，感受春意。它们愉快地在水面的薄冰下游来游去，像是背着浮冰一样。

/ 花信风

由小寒到谷雨，共八个节气，二十四候。人们在每一候内开花的植物中，挑选一种花期最准确的植物为代表，把应花期而来的风，称作"花信风"，于是便有了"二十四番花信风"。

/ 一候 迎春

立春时，还没有百花齐放的盛景，而迎春花却早早地盛开了。它不惧寒冷，叶子还没长出来，金黄色的花朵就在枝头上迎风微笑，准备迎接美丽的春姑娘呢。

/ 三候 望春

立春时节，带着寒意的春风吹入山林，也吹开了山林中的望春花。白色的、黄色的、红紫色的，缀满光秃的枝头，给山林带来了一抹抹亮丽的春色。

立春 花信风

一候迎春
二候樱桃
三候望春

/ 二候 樱桃

樱桃花似乎感受到了春日的召唤，纷纷打开了花苞，就像一把把撑开的小伞。它们有特别的使命，既要抢在长叶前开花，又要抢在春天结束前结出像玛瑙一样的红果实。

7

立春后天气多变，必须为耕种做好各方面的准备，如果赶不上播种、育苗、灌溉的最佳农时，也会影响收成。

8

/春节

　　与立春节气最接近的节日，是农历正月初一的春节。这时节日的气氛很浓，大人小孩儿都忙个不停。人们从年二十三扫尘开始，到除夕夜贴春联、吃年夜饭、守岁，再到大年初一拜年，接财神……热热闹闹的节庆活动一个接一个。放鞭炮，敲锣打鼓，大人小孩儿都喜气洋洋的。

/立春民俗

　　在立春这天，有些地区的人们用彩鞭鞭打泥做的大春牛，希望送走寒气，促进春耕，叫"鞭春牛"。有些地区的人们用彩绸缝制公鸡饰品，钉在小孩儿的衣袖或帽子上，俗称"戴春鸡（吉）"，寓意新春大吉。还有的人们吃春卷、春饼、春盘，以图吉利；咬生萝卜，赶走春困，这就叫"咬春"。

春暖花开万事如

9

春雨润物

　　霜期已经结束，桃花也已含苞挂枝头。一大早，奶奶拿出筛子，一遍又一遍地筛选花生种子，把干瘪的种子挑出来，留下饱满的种子。奶奶说，饱满的种子更容易发芽、生长。小贝连连应着，悄悄地抓一把饱满的花生塞进嘴里，有滋有味地嚼着。

雨水

雨水在每年公历的 2 月 18~20 日到来。在雨水节气前后，气温逐渐升高，冰雪融化成水，水蒸发后，升上天空，又变成雨落下来，于是降水逐渐增多。植物得到雨水的滋润，生长得更茂盛了。不过，雨水时节，天气依然是忽冷忽热，我们可不能轻易脱下外套，要注意添衣保暖，否则得了感冒，发烧、咳嗽可就难受了。

七绝·雨水
[佚名]

殆尽冬寒柳罩烟，
熏风瑞气满山川。
天将化雨舒清景，
萌动生机待绿田。

/ 雨后春笋

春雨悄悄地下了一夜，天亮放晴时，湿漉漉的地里冒出了好多竹笋，一个个像挺着大肚子的尖头娃娃。

/ 桃花含苞

桃树的枝条上，挂满花骨朵儿。小小的花骨朵儿胀鼓鼓的，像鼓起的粉红小包子。有的好像在积蓄力量，就要撑开，探出一丝花蕊，像调皮的孩子在吐舌头。

/ 初候　獭祭鱼

天气变暖和了，鱼儿撒欢似的游上水面。长得像狗的水獭出来觅食，捕的几条鱼儿放在岸边，就像人们祭祀祖先一样摆开，过一会儿才吃。

/ 二候　候雁北

大雁是种知时节的候鸟，秋天时飞去南方过冬。雨水时节，塞北渐渐回暖了，它们又排成整齐的队伍，飞回北方。一会儿摆成"一"字形，一会儿摆成"人"字形，十分有趣。

/ 三候　草木萌动

春雨柔和地落在草木上，悄无声息的。小草和树木感受到了早春的暖意，也抽发出新芽来，要给春天增添生机勃勃的绿色呢。

雨水 花信风

初候 菜花
二候 杏花
三候 李花

/ 初候 菜花

油菜开花了，高高的植株之上，金黄得发亮。远远望去，大地也被染成了金黄，就像铺了一块漂亮的地毯。

/ 二候 杏花

杏树的花和桃花很像，不过它可真奇妙。含苞时红艳艳，开花后颜色逐渐变淡，花落时一片雪白，变化真多。

/ 三候 李花

李花，又叫玉梅。在南方，雨水时节，李花已经盛开。花朵既小巧又洁白，繁茂地挂满枝头。吸一吸鼻子，可以闻到一阵芳香。

13

/ 春灌

冬小麦和油菜都普遍返青了，南方的油菜甚至开花了，这时都要吸收大量的水分，以促进生长发育。然而，在黄河下游等地区，雨下得少，有时又很小，常常不能满足农作物的生长需要，这时就要及早进行春灌，为农作物提供充足的水分。

农谚

水是庄稼血，没有了不得。

/ 水车

水车就像一个巨大的木轮子，黄河水冲击着刮水板，推动着水车缓缓旋转，发出哗哗的声音。一个个水斗装满河水，被逐级提升上去，到了最高点，水斗又自然倾斜，将水注入渡槽，流到田里，灌溉农作物。

/ 节约灌溉

"春雨贵如油"，在雨水少的地方，春水也特别珍贵。所以，给农作物灌溉的时候，可不能有多少浇多少，须采用节约的灌溉方法，比如沟灌、浇灌、喷灌等。

/ 元宵节

正月十五元宵节，又叫"上元节"。这一天晚上，月亮圆得像一只大玉盘，非常好看。家家户户张灯结彩。大人小孩儿吃完又圆又甜的汤圆，欢欢喜喜地去闹元宵。划旱船，赏花灯，猜灯谜，耍龙灯，舞狮子，踩高跷……大家玩得真兴奋！

/ 雨水民俗

雨水是节气，不是节日，但有很多有趣的民间习俗。客家人会在这天拿糯米做爆米花，认为爆米花的颜色越白，就越吉利。这叫"占稻色"。还有一个"撞拜寄"的习俗。在雨水当天，年轻妇女会牵着幼小的孩子，等待第一个从面前经过的行人，无论男女老少，撞见谁，就让孩子认谁做干爹或干妈。在一些南方地区，也有已婚妇女在雨水当天回娘家探亲的习俗。

15

/ 春雷隆隆

　　"轰隆隆……"春雷忽然打响了。小贝吓了一跳，差点儿掉到水里面。爸爸正拣着准备播种的大蒜，听到雷声，却哈哈大笑，说："惊蛰打雷，说明天气回暖正常，风调雨顺！今年会是个丰收年。"

惊蛰

惊蛰，通常是在每年公历的 3 月 5~7 日。期间，天气转暖较为明显，会有春雷响起，雨水也更多了。"蛰"，表示小动物藏在土里或洞中不吃不喝，安然地冬眠。春雷突然打响了，它们就被惊醒了，然后出来活动，因而叫"惊蛰"。实际上，小动物是感受到了天气变暖，才结束冬眠，出来活动的。

/ 春燕绕梁

燕子是春天的使者。它匆匆地从南方飞回北方，在去年居住过的房梁上又筑起了新巢。它在柳条间飞舞，啾啾地叫着，像在告诉人们："春天来了。"

/ 春蚕破卵

春雷隆隆，受惊的蚕宝宝破卵而出。它们趴在嫩绿的桑叶上，悠闲地啃呀啃呀，一边吃，一边拉，吃完了这片叶子，又挪动身子，去吃下一片叶子。一天到晚，吃个没完，可真是个馋宝宝。

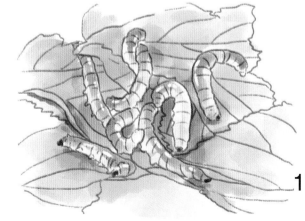

17

/ 初候　桃始华

　　桃树上的花苞开始盛放了，红艳艳的一朵朵，挂满枝头。春风一吹，红影晃动，像是在向我们招手呢。

/ 二候　仓庚鸣

　　仓庚，又叫黄鹂、黄莺，羽毛亮黄，叫声清脆悦耳。人们把黄鹂称为仓庚，是说黄鹂感受到了春日的清新，于是振翅高飞，不停地鸣叫，似乎是要把春天到来的消息告诉大家呢。

/ 三候　鹰化为鸠

　　惊蛰时节，古人很少能看到鹰的影子，却发现鸠变多了，便认为鹰变成了鸠。其实，鹰是到了繁殖期，躲起来下蛋，生小宝宝去了。而鸠才进入求偶期，于是常能听到鸠的叫声。

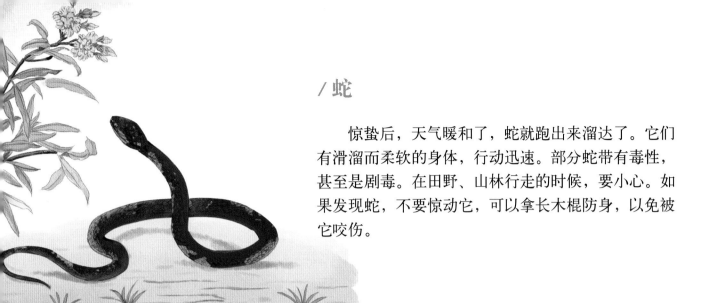

/ 蛇

惊蛰后，天气暖和了，蛇就跑出来溜达了。它们有滑溜而柔软的身体，行动迅速。部分蛇带有毒性，甚至是剧毒。在田野、山林行走的时候，要小心。如果发现蛇，不要惊动它，可以拿长木棍防身，以免被它咬伤。

/ 蚂蚁

蚂蚁是个大家族，品种有很多，有的喜欢吃昆虫或动物的尸体，有的喜欢吃蘑菇，有的喜欢吃植物的种子。所以，播农作物的种子时，可要注意防止蚂蚁大军藏在土里偷吃种子呀。

/ 蜗牛

蜗牛虽然很小，身上却背着房子般的壳，它还有上万颗牙齿。冬眠结束了，喜欢吃甜食、蔬菜的这些小不点儿就出来了。草莓、柑橘，白菜、包菜等植物可得小心了。

/ 西瓜育苗

西瓜该育苗了。把西瓜种子放水里浸泡，萌芽了，就把它们装到营养杯里，放到苗圃里培育，不久，就可以看到嫩绿的小芽长出绿色的叶子了。

/ 修剪茶树

茶树长出了许多嫩叶。这时可得拿出修枝剪刀适当剪一下，再施点肥，催发新芽，让茶树长出更多的枝条和叶子，这样才能提高茶叶产量。

/ 植树节

每年阳历 3 月 12 日，是植树节。此时正是惊蛰时节，天气比较暖和，雨水增多，非常适合植树。挖个坑，栽下小树苗，填上土，适当地浇水施肥，小树苗就可以快快长大啦！我们还可以给它加上木条、竹竿，帮它固定一下，那样就不怕被风吹断了。

/ 龙抬头

农历二月初二是中和节，俗称"龙抬头"，在惊蛰前后到来。古人认为，龙是百虫之神，可以吓退百虫，又可以降雨。人们相信，在这天理发，可以拥有好运气。

/ 吃炒豆

在陕西的一些地区，人们在惊蛰时有吃炒豆的习俗。豆一般是黄豆，经过盐水浸泡后，在锅中爆炒。人们把黄豆比作害虫，黄豆在锅中爆炒时发出的噼噼啪啪的声音，就像是害虫在锅中挣扎时的痛苦嚎叫。炒好了，大家就分着吃。

/ 吃梨

山西雁北的农民在惊蛰节吃梨，认为"梨"与"离"同音，寓意远离病虫害。实际上，梨子鲜嫩多汁，口味甘甜，可清心、润肺、解毒。惊蛰时节，乍暖还寒，容易引发呼吸道疾病，吃梨有利于身体健康。但梨是寒性食品，不能多吃。

21

/ 玩转节气

这个节气卡牌游戏须按照节气顺序，把打乱的卡牌排列好。快给卡牌标上序号吧！

以下这些图片表现的是什么内容呢？哪些是同一类的事物？快来用线连连看！

图书在版编目（CIP）数据

写给儿童的二十四节气 / 智慧轩文化编著. -- 哈尔
滨：黑龙江美术出版社，2018.8（2021.11 重印）
ISBN 978-7-5593-3242-4

Ⅰ．①写… Ⅱ．①智… Ⅲ．①二十四节气－儿童读物
Ⅳ．① P462-49

中国版本图书馆 CIP 数据核字（2018）第 109782 号

写给儿童的 二十四节气

XIEGEI ERTONG DE ERSHISI JIEQI

出 品 人	于 丹
编 著	智慧轩文化
责任编辑	李 瞳
责任校对	徐 研
装帧设计	冯伟佳
出版发行	黑龙江美术出版社
地 址	哈尔滨市道里区安定街 225 号
邮政编码	150016
发行电话	（0451）84270511
经 销	全国新华书店
印 刷	武汉兆旭印务有限公司
开 本	889mm×1194mm 1/24
印 张	8
字 数	94 千字
版 次	2018 年 8 月第 1 版
印 次	2021 年 11 月第 2 次印刷
书 号	ISBN 978-7-5593-3242-4
定 价	120.00 元（全八册）

写给儿童的

二十四节气

【春分 清明 谷雨】

智慧轩文化　编著

黑龙江美术出版社
HEILONGJIANG MEISHU CHUBANSHE

24 节气

一年有四个季节，每个季节有六个节气，那么，一年就有二十四个节气。每个节气又有十五天，人们把每五天划分为一候，就有初候、二候、三候。所以，二十四节气就一共有七十二候。

二十四节气歌

春雨惊春清谷天，
夏满芒夏暑相连。
秋处露秋寒霜降，
冬雪雪冬小·大寒。

大雪 12月6-8日
冬至 12月21-23日
小寒 1月5-7日
大寒 1月19-21日
小雪 11月22-23日
立冬 11月7-8日
霜降 10月23-24日
寒露 10月8-9日
秋分 9月22-24日
白露 9月7-9日
处暑 8月22-24日
立秋 8月7-9日
大暑 7月22-23日
小暑 7月6-8日
夏至 6月21-22日
芒种 6月5-7日
小满 5月20-22日
立夏 5月5-7日
谷雨 4月19-21日
清明 4月4-6日
春分 3月20-22日
惊蛰 3月5-7日
雨水 2月18-20日
立春 2月3-5日

酒

2

妈妈："宝贝，'一年之计在于春'，现在春天都过一半了，你怎么还赖床呢？会变小懒猪哦。"

小贝："这样的天气睡得好舒服，让我再睡一会儿吧，妈妈。"

妈妈："春季时，早点起床对身体有好处。你听，鸟儿都在叽叽喳喳地叫你起床了。"

小贝："那我可以和小鸟玩吗？"

妈妈："当然。你可以和它们一起唱歌，还可以和小伙伴们踏青……"

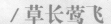

草长莺飞

　　春分时节，小草绿油油的，迎着春风茁壮成长；黄莺在树上飞来跳去，快乐地歌唱。天气真好啊！小贝和小伙伴们在绿茵茵的草坡上比赛放风筝。风筝五颜六色，有的像一条鱼，有的像一只大鸟，有的像一只蝴蝶……十分好看。大家跑着，闹着，高兴极了。

4

春分

春分通常是每年公历的 3 月 20 日左右。这天正好是春季 90 天的中间点，而且白天和夜晚一样长；这天之后，开始昼长夜短。春分时节，我国大部分地区天气比较温暖，只有东北、西北、青藏高原、华北北部地区还比较寒冷。

七绝·苏醒

[南唐 徐铉]

春分雨脚落声微，
柳岸斜风带客归。
时令北方偏向晚，
可知早有绿腰肥。

/ 桃花汛

天气越来越暖了，黄河上游的冰凌融化成水，迅猛地涨了起来。春水流至下游时，两岸附近的桃花盛开得正艳，所以，人们把这个时段叫作"桃花汛"，也叫"春汛"。

/ 杨柳青青

此时的柳树长得十分茂盛了。长长的绿色枝条直垂到地上，被风姑娘吹拂着，就像一头亮丽的绿色长发，好看极了。

5

/ 初候 玄鸟至

玄鸟，就是燕子，是春天的使者。它匆匆地从南方赶来了，在去年居住过的房梁上又筑起了新巢。它在柳条间飞舞，仿佛在说："春天来了。"

/ 二候 雷乃发声

天上又下起了雨，雷不再沉闷了，冲破阴雨，响亮地发出隆隆的声音来。只是，怎么也看不到闪电的影子。

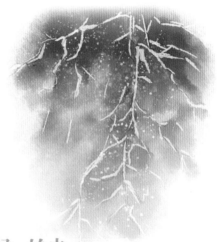

/ 三候 始电

终于可以看见闪电了。它像极了一条银光闪闪的长鞭，从天上一下子挥了下来，很快又消失不见了。

6

花朝节

　　花朝节，相传是百花的生日。各地人们庆祝该节日的时间不同，但大都是在惊蛰后春分前。在这一天，各地的人们会举办赏花、种花、踏青、赏红等各种娱乐活动。除此之外，在有些地方，家家户户采摘新鲜的花瓣，和着糯米粉，蒸百花糕。做好了百花糕，就赠送给邻居，那样就可以成为更亲密的邻居朋友了。

春分 花信风

一候海棠
二候梨花
三候木兰

春分时节，大地已经鸟语花香了。偏偏雪花太调皮，冬天都过了，还要在春分的时候来一场告别舞会，在华北、东北等地区的上空，纷纷扬扬地飘下来。小麦闹心极了！雪的寒冷肯定会把它们给冻坏！其他农作物和动物也冷得瑟瑟发抖。这下，可忙坏了农民伯伯。他们得去给动植物防寒抗冻呢。

/ 春分"竖蛋"

在春分这一天"竖蛋",是我国的一项习俗。它已经成为世界各地都流行的一个游戏。每年的这天,人们挑选出一头大一头小的鸡蛋,把大的一头朝下,可以很容易把鸡蛋竖起来。

/ 春分酿酒

在春分日酿酒,是我国大部分地区的习俗。人们认为这一天酿造的酒会很香醇,很好喝,更相信在这天酿酒,当年庄稼会获得大丰收。

/ 吃春菜

在岭南部分地区有个习俗:在春分这天,全村人都会去采摘一种巴掌大的野苋菜,用来煮汤喝。人们把这种野苋菜叫作春菜,相信春分吃春菜,可以保佑家宅安宁。

　　妈妈说，清明前后的天气清爽温暖，适合种瓜种豆。瞧，她正在屋前的小院子里种南瓜呢。听爷爷说，清明节荡秋千，可以让自己变得更健康、更勇敢。于是，小贝抱着小狗，在屋前大树下一边荡秋千，一边唱歌给妈妈听。那可爱的歌声逗得妈妈笑弯了腰。

清明

清明

[唐 杜牧]

清明时节雨纷纷，
路上行人欲断魂。
借问酒家何处有？
牧童遥指杏花村。

清明一般是在每年公历的 4 月 4~6 日到来。这时候天气清澈明朗，春光明媚，生机勃勃，到处是一片春耕春种的繁忙景象。不过，南方比较湿润多雨，仍须疏通沟渠，保证水流，防止过多的雨水淹死农作物；北方比较干燥少雨，也要及时春灌，保证春播。清明不仅是节气，还是我国十分重要的祭祀祖先的传统节日。

/ 春雨纷纷

江南地区接连下了十几天的雨，天气常常时晴时阴，令人烦恼。小稻苗摇来摆去，也忍不住想说："喝饱了，喝饱了。"

/ 荷叶铜钱

荷叶长得像一枚铜钱一样大了。雨珠落在小小的一片荷叶上，滑溜溜的，一下子又流走了。

清明三候

初候桐始华

二候田鼠化为鹌

三候虹始见

/ 初候　桐始华

桐树有很多种，此时，泡桐树的花儿首先开放，迎接清明的到来。花儿一朵朵，长得像钟，又像盘；有紫色的，还有白色的。大片的花瓣，十分引人注目。

/ 二候　田鼠化为鹌

天气温暖多了，喜欢在阴冷潮湿的地方跑来跑去的田鼠怕阳光太刺眼，都跑到洞里躲起来了。小小的鹌鹑则在这个时候成双成对地沐浴在灿烂的阳光中。因此，人们以为田鼠变成了鹌鹑。

/ 三候　虹始见

天空开始放晴了。阳光从薄薄的云层中漏下来，照在雨滴上，映出了一道七色彩虹，就像一条拱桥挂在天边，真神奇！

/ 清明踏青

清明时节，到处都是一派生机勃勃的景象，正是踏青的好时候。踏青，就是春游。在很久很久以前，我们的祖先就已经形成了在清明踏青的习俗。踏青不但可以看盛开的花，看抽芽的枝条，还可以做很多有趣的活动，比如拔河。祖先们还会玩蹴鞠，也就是我们现在所说的踢足球。有趣的活动太多，特别吸引人。

清明 花信风

初候桐花
二候麦花
三候柳花

13

/ 施粪肥

　　清明时节，施过催芽肥的桃树、梨树都盛开了满树的花儿，这时要人工授粉，以后结的果实才多。黄河下游的小麦快要长出穗来了，东北和西北地区的冬小麦也要拔节了，除了给它们浇水，还得施加粪肥。因为粪肥可以促进小麦长出又大又多的穗粒，促进冬小麦快点长高长大。这个时候，农民伯伯又在忙个不停了。

14

/扫墓

清明节扫墓，是长久以来的习俗。人们扫墓时，把酒食果品摆出来祭祀祖先，同时拔掉长得太高的野草。

/吃发糕

人们喜欢在清明节这天做发糕吃。先把黏米碾成米浆，压干水分，再做成糊状，最后加入发酵粉，蒸三四个小时，就做成了。发糕有"发财""高升"的寓意。

/插柳

有的人在清明节把柳条插在屋檐下，有的人把柳条插在家门口，认为这样可以避免生病，消除灾祸。人们还认为，把柳枝戴在头上，可以赶走毒虫。

/吃螺蛳

螺蛳感受到了春天的气息，纷纷从泥里爬了出来。养了一个冬天，螺肉正是肥美诱人的时候。采一些回家，放在水里吐净泥沙，加姜葱爆炒，或者把煮熟的肉凉拌，看着就让人流口水。

15

/雨生百谷

　　雨水增多了，正是水稻育秧、播种瓜豆、种植高粱、移栽烟苗的好时候。爷爷奶奶、爸爸妈妈都在地里忙得团团转。耕牛正饿得哞哞叫，于是小贝也来帮忙。他拿着一支竹笛，做个悠闲的小小看牛郎。

谷雨

谷雨，通常是每年公历的 4 月 20 日左右。"清明断雪，谷雨断霜。"谷雨的到来，预示着寒冷的天气快结束了。此时雨水下得更多，对于谷类作物的栽种、成长十分有利。江南地区，已经进入了耕田、插秧的农忙期。在这个暮春时节，南方已经柳絮飘落了，北方花香四溢、莺飞燕舞，正是一派生机盎然的景象。

老圃堂
【唐 曹邺】

召平瓜地接吾庐，
谷雨干时手自锄。
昨日春风欺不在，
就床吹落读残书。

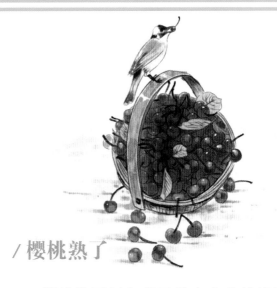

/ 樱桃熟了

樱桃终于赶在春天结束之前结出了红红的果实。小小的樱桃，既像一颗晶莹剔透的红珍珠，又像一盏红得发亮的小灯笼。吃一颗，甜甜的，有点儿酸，真好吃。

/ 小地老虎

小地老虎又叫土蚕，最喜欢躲在潮湿的泥土里，白天睡大觉，到了夜里就偷吃没出土的种子，或者爬到植物上啃掉嫩芽、嫩叶。谷雨时节，它们活动得更频繁了。受到它们侵害的植物有一百多种呢，它们可真是个厉害的盗贼。

17

/ 初候　萍始生

　　喜欢潮湿的浮萍因为雨水的增多，渐渐生长起来了。叶子漂浮在水上，根须在水下伸长，在农田、湖泊很常见。

/ 二候　鸣鸠拂其羽

　　这里的鸠，指的是布谷鸟。它们感应到春天要结束了，赶紧挥动翅膀飞起来，叫个不停，像是在提醒农民伯伯要抓紧时间耕种了。

/ 三候　戴胜降于桑

　　桑树长出了嫩绿的新叶，叶子上爬满了肥嫩的蚕，叶子被咬出了一个个洞。要给宝宝和戴胜鸟妈妈准备食物的戴胜鸟爸爸常常落在桑树上，一下子就捉够了一家人的食物。这时，养蚕人也忙着摘桑叶养家蚕呢。

/牡丹花会

牡丹是我国的国花，象征吉祥幸福、繁荣昌盛。花儿大，艳丽、华贵，姹紫嫣红。盛开时正是谷雨时节，所以人们又称它为"谷雨花"。古人有举办牡丹花会、赏牡丹花的雅兴，渐渐地，就形成了"谷雨赏牡丹"的习俗。

千年古城——河南洛阳，是牡丹花的故乡。这里的牡丹最闻名。每年谷雨前后，这里都会举办盛大的牡丹花会。各地的人们都争相去观赏，场面十分热闹。

谷雨 花信风

一候牡丹

二候荼蘼

三候楝花

19

/ 枣树发芽

枣树的枝条上长出了嫩绿的小叶芽，特别鲜嫩多汁。害虫们欢呼着，和小伙伴爬到树枝上，正蠢蠢欲动呢。不过，农民伯伯已经准备好杀虫剂啦。

/ 播种棉花

"谷雨种棉家家忙。"此时，棉花苗已经长大，可以移栽到地里了。在这个过程中，浇水、施肥、防寒是很重要的，可不能偷懒。

/ 玉米间苗

玉米幼苗已经长出三四片叶子了，植株变得拥挤，争抢养分和水分，这样会影响幼苗地上部分的生长。这时候就要拔掉太密的、太弱的和太短的幼苗，让剩下的幼苗得到充足的养分和光照。

/北方吃香椿

北方地区有在谷雨当天吃香椿的习俗，也叫"吃春"，认为吃了它，可以品尝到春天的香甜。事实上，香椿是香椿树的嫩芽。这个时节的香椿鲜美爽口，有很高的营养价值和药用价值。

/南方喝谷雨茶

南方的茶农们习惯在谷雨当天去采摘茶树的嫩芽、嫩叶，然后制成谷雨茶。因为气温的影响，谷雨茶发育得比较好，叶芽肥肥的，泡起来没有一般的茶那么浓，但清甜可口。人们通常都留着自己喝，或者有客人上门的时候请客人品尝，还会和客人炫耀说，这是谷雨当天采制的茶。

/ 玩转节气

"节气客栈"开张啦！猜一猜,这几家小店分别会提供以下哪些特色食物呢? 猜完连连看。

/ 小小气象站

春天是美丽的，百花齐放，绿意盎然，是春游的好季节。不过，春天的天气很多变，有时候下雨，有时候风大，忽冷忽热的，一不小心就容易感冒。所以，出游之前，一定要先看看天气预报哦。

噢，真是个好天气。太阳公公笑得这么灿烂，洒下的阳光也是明媚的。

淅沥沥的小雨很可能要下一整天，不带伞不走远，不会淋湿衣服。但还是得注意防雨，穿好外套保暖。

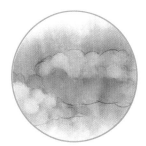

天灰沉沉的，真是烦人。乌云一朵朵，把太阳给遮住了，不过，雨水还不会落下来。

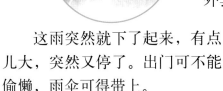

这雨突然就下了起来，有点儿大，突然又停了。出门可不能偷懒，雨伞可得带上。

风有点儿大，雨也有点儿大，天空还打着雷，闪着电，实在不适合外出。其实，待在家里看雨景也挺不错。

图书在版编目（CIP）数据

写给儿童的二十四节气 / 智慧轩文化编著 . -- 哈尔滨 : 黑龙江美术出版社，2018.8（2021.11 重印）
ISBN 978-7-5593-3242-4

Ⅰ . ①写… Ⅱ . ①智… Ⅲ . ①二十四节气－儿童读物 Ⅳ . ① P462-49

中国版本图书馆 CIP 数据核字 (2018) 第 109782 号

写给儿童的 二十四节气

XIEGEI ERTONG DE ERSHISI JIEQI

出 品 人	于 丹
编 著	智慧轩文化
责任编辑	李 曈
责任校对	徐 研
装帧设计	冯伟佳
出版发行	黑龙江美术出版社
地 址	哈尔滨市道里区安定街 225 号
邮政编码	150016
发行电话	（0451）84270511
经 销	全国新华书店
印 刷	武汉兆旭印务有限公司
开 本	889mm×1194mm　1/24
印 张	8
字 数	94 千字
版 次	2018 年 8 月第 1 版
印 次	2021 年 11 月第 2 次印刷
书 号	ISBN 978-7-5593-3242-4
定 价	120.00 元（全八册）

本书如发现印装质量问题，请直接与印刷厂联系调换。

写给儿童的二十四节气

【立夏 小满 芒种】

智慧轩文化　编著

黑龙江美术出版社
HEILONGJIANG MEISHU CHUBANSHE

24节气

一年有四个季节，每个季节有六个节气，那么，一年就有二十四个节气。每个节气又有十五天，人们把每五天划分为一候，就有初候、二候、三候。所以，二十四节气就一共有七十二候。

二十四节气歌

春雨惊春清谷天，
夏满芒夏暑相连。
秋处露秋寒霜降，
冬雪雪冬小·大寒。

小贝："爸爸，人们都说春天是播种的季节，那夏天又是什么季节呢？"

爸爸："宝贝，夏天是生长的季节。你瞧，我们在春天时播种的植物现在越长越旺盛了呢。"

小贝："可是夏天的太阳那么厉害，它们怎么没被晒死、渴死，反而越长越好了呢？"

爸爸："因为啊，夏天不仅太阳厉害，降雨也多，这样就给植物提供了充足的光照和充足的水分啊。"

3

/ 万物疯长

　　立夏到了，万物进入到疯长时期。大江南北，随处可见农民栽插早稻的身影。爷爷说："多插立夏秧，谷子收满仓。"小贝小心翼翼地栽下秧苗，歪歪扭扭的，又赶紧把它扶正。小贝满意地笑了，说："嘿，小秧苗，快快生根，快快长大！"

立夏

立夏一般是每年公历的 5 月 5~7 日。立夏是夏季开始的日子。随着立夏节气的到来，天气开始变得炎热，雷雨增多，农作物进入到生长旺盛的时期。不过，此时南方是绿树成荫的夏日景象，东北和西北的部分地区却是早春的景象。

闲居初夏午睡起
〔宋 杨万里〕

梅子留酸软齿牙，
芭蕉分绿与窗纱。
日长睡起无情思，
闲看儿童捉柳花。

/绿树成荫

树上的叶子长大了，挂在无数的树枝上，青葱一片，遮住了阳光。天气有点儿炎热，正好可以在树下乘凉呢。

/蔷薇飘香

蔷薇的蔓藤爬满了竹篱笆，一朵朵鲜艳的花儿娇嫩可爱，灿烂而绚丽。风一吹，飘来一阵花香，真好闻。

5

/初候 蝼蝈鸣

蝼蝈，也就是蝼蛄，生长在温暖潮湿的环境中。随着蝼蛄的鸣叫，表示夏天的味道越来越浓了。

/二候 蚯蚓出

蚯蚓喜欢住在阴凉、潮湿、透气的土里。随着雨季的到来，土里的水太多，只靠全身皮肤来呼吸的蚯蚓就纷纷钻出了地面透透气。同时，它们钻来钻去，可以为农民伯伯翻松泥土。

/三候 王瓜生

王瓜的藤蔓开始快速攀爬生长了，它得赶在六七月份结出圆圆的果子。乡间田埂的野菜也争相钻出泥土，一天天攀长。

6

立夏之后，雨季就来临了。雷雨增多，湿气加重，由此滋生出来的害虫又因为有杂草提供充足食物，所以繁殖得更多了。这时候，农民伯伯可得抓紧时间，尽早除去杂草，消灭害虫，确保幼苗健康成长，争取农作物得到好收成。

/除草喂牛马

立夏后雨天增多，牛马等牲畜就得留在棚里等主人喂食。田边杂草长得正旺盛，把它们割回来，刚好可以给牛马补充新鲜食物。这样既除去了田边杂草，又喂养了牲畜，真是一举两得。

/喷农药灭虫

田埂上的草除掉了，害虫又会扑向绿油油的农作物。于是，农民伯伯拿出喷雾器，往里面加入适当的农药和水，然后搅拌均匀，就背起喷雾器到田里去灭除害虫。

7

/ 民俗

在立夏这一天，全国各地都有不同的传统风俗习惯。在传统特色美食方面，最出名的是立夏饭、立夏蛋、立夏羹等。人们也有一些有趣的传统活动，比如立夏秤人、斗蛋。这些都反映了人们希望吉祥如意、庄稼丰收、身体健康的美好愿望。

/ 立夏蛋

俗话说，"立夏吃一蛋，力气大一万"。很多人在立夏的前一天就开始煮"立夏蛋"。煮的时候加入红茶或核桃壳，慢慢地，蛋壳就会变成红色。人们还用彩绳编织成蛋套，装入立夏蛋，挂在小孩子的胸前。

/ 立夏饭

人们在立夏这天用黄豆、黑豆、青豆、绿豆、赤豆等五色豆与白粳米或糯米拌匀，然后煮成"五色饭"，寓意五谷丰登，祈求身体健康。

8

/ 立夏羹

湖南长沙人在立夏这天，吃用糯米粉拌鼠曲草做成的汤丸，并叫它"立夏羹"。"吃了立夏羹，麻石踩成坑。"意思是说，吃了立夏羹，可以力大无穷。

/ 秤人

立夏这天，人们在村口悬起一架大木秤。男女老幼，轮流去称体重。称体重时，大人可以双手抓住秤钩，双脚离地；小孩儿则可以坐在箩筐里或四脚朝天的凳子上。负责称的人一边看秤，一边说吉利话。人们相信这样做可以盼来好运气。

/ 斗蛋

蛋大的一头为蛋头，小的一头为蛋尾。斗蛋时，蛋头撞蛋头，蛋尾撞蛋尾，谁的蛋先破谁就输。蛋头赢的称大王，蛋尾赢的称小王。这是孩子们在立夏当天最喜欢玩的斗蛋游戏。

小得盈满

　　麦子快要熟了，黄澄澄的，再长几天，籽粒就更饱满了。可是，天气坏透了，一会儿刮起干燥高温的热风，一会儿又电闪雷鸣，下起冰雹雨。奶奶可着急了，说："这样下去，麦子都要被风刮断，被雨水淋得发霉了。麦粒也会因为灌浆不足，而变得干瘪。到时候，可就没什么好收成了。"

小满

小满通常是在每年公历的 5 月 20~22 日到来。这时候，麦子等夏熟作物的籽粒开始饱满，但还不够成熟。所以，人们把这个节气叫作"小满"。南方地区还用"满"来形容雨水的多少，如果不蓄满水，干旱的田就无法栽种秧苗了。这时候，北方一些地区常会吹干热风，还有突然而来的雷雨大风，会严重影响农作物的生长，农民伯伯要提前做好预防措施。

初夏游张园
〔宋 戴复古〕

乳鸭池塘水浅深，
熟梅天气半阴晴。
东园载酒西园醉，
摘尽枇杷一树金。

/豌豆

远远望去，一颗颗饱满的豆荚挂满了枝条。豆荚和叶子的颜色几乎一样，有些豆荚藏在叶子后面，如果不仔细找一找，可真难发现它们。

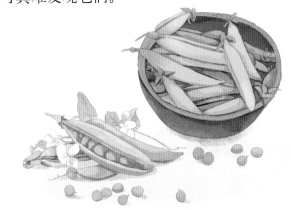

/石榴花

在石榴树的枝顶上，一朵朵橙红色的花儿绽放了，像一只只小喇叭，中间还吐出几条黄色的花蕊，美丽极了。

11

/ 初候 苦菜秀

苦菜是一种可以食用的野菜。此时，漫山遍野都是苦菜。人们结伴一起去挖来煮，吃了可以消除干热风带来的浑身燥热的症状。

/ 二候 靡草死

天气越来越热，光照越来越强，喜欢生长在阴处的植物害怕阳光的照射，都枯萎了。

/ 三候 麦秋至

秋天是各种谷类作物成熟的时期。现在虽然是夏天，但是麦子开始成熟了，因而叫麦秋。

地蛋，就是土豆，也叫马铃薯。初春时种下的土豆，到了四五月份，适宜的气温和天气让它们疯长起来。到了小满时节，白色的、粉色的花儿盛开了。然而，人们要收获的是长在地下的土豆果实。果实需要地面上的部分积累营养，并输送给它们。花儿开得太多，抢走了部分营养，如果不及时摘掉一些已经开放的花朵和花蕾，会导致土豆减产。而且，每隔三四天就摘一次，连续摘两三次，效果会更好。

农谚

地蛋勤摘花，
挖时拿车拉。

13

/ 油茶面

部分小麦已经成熟了，人们把成熟的小麦割回家，把麦粒磨成面粉，然后翻炒，加香油、芝麻、核桃、白糖等，做成"油茶面"。

/ 捻捻转儿

"捻捻转儿"因为与"年年赚"谐音，所以是很受人们欢迎的一种节令食品。此时，大麦已经成熟了，人们把麦壳去掉，把麦子筛选出来，炒熟后，再用石磨磨制，做成面条，最后加入黄瓜丝等佐料，就做成好吃的"捻捻转儿"了。

/ 石磨

石磨是一种很古老的工具，通常用两块圆石做成。人们可以用手或用骡子、驴等动物拉动石磨，把米、麦子、豆等粮食磨成粉或浆。

/ 小满动三车

　　"小满动三车"指的是丝车、油车、水车。在江南地区，到了小满时节，蚕茧已经结成了，正等着人们煮一煮，用丝车从蚕茧里抽出蚕丝呢。此时，油菜籽也成熟了。人们把它割回家，再送到油车房里榨油。这样，炒菜的时候正好可以用上这种香气四溢的菜籽油了。田里的农作物正需要大量的水分，于是，人们又忙着脚踏水车，引水入田，进行灌溉。这就是民间所说的"小满动三车"。

/ "三夏" 大忙

　　妈妈说："芒种是一年中最忙的时节。麦子要收割，夏季玉米、大豆等农作物又得开始播种栽插，春天种下的棉花、玉米也要除草，防病虫害，真是忙坏人了。"小贝正数着天上一闪一闪的星星，听到妈妈的话，忙拿着一把葵扇给她扇一扇。妈妈紧皱的眉立刻舒展开来。

16

芒种

芒种一般是在每年公历的 6 月 5~7 日到来。"芒"指的是有芒作物，如麦子、水稻等；"种"既指种子，又指播种，所以人们把这个节气叫作"芒种"。这时正好进入夏收、夏种、夏管的"三夏"大忙时节。俗话说，"春争日，夏争时"。该收割的作物得赶在阴雨天前收割、入仓。该播种的作物也得尽早下种栽种，才能赶在秋霜前收获。

农家望晴

【唐 雍裕之】

尝闻秦地西风雨，
为问西风早晚回。
白发老农如鹤立，
麦场高处望云开。

/ 黄梅雨

春末夏初，长江中下游地区阴雨连连，都下了十几天了。没有太阳晒，衣服发了霉。真是"霉雨"天气啊。这时正是梅子成熟的时候，于是，人们就把这段时期下的雨叫作"黄梅雨"，可持续一个多月。

/ 蚂蚱

蚂蚱，又叫蝗虫，是一种农业害虫，经常吃水稻、甘薯、空心菜的叶子。它们的弹跳力可厉害了，跳一下，敌人都追不上它们。有些人还把蝗虫油炸了吃，也用它们来入药。这种害虫真特别。

17

/ 初候 螳螂生

阴雨连连，在去年深秋产下的螳螂卵感受到了阴气，于是小螳螂破壳而出了。它们在田间地头来来去去，青草和昆虫都是它们的食物。

/ 二候 鵙始鸣

芒种时节，喜阴的伯劳鸟开始出现在枝头，"鵙鵙"地鸣叫。这种鸟儿很凶猛，喜欢吃小型兽类、其他鸟儿、蜥蜴等。所以，人们也把伯劳鸟叫作"屠夫鸟"。

/ 三候 反舌无声

雨天不断，反舌鸟感受到了阴气，因此停止了鸣叫。这种鸟长得胖嘟嘟的，但很灵巧，能够学其他鸟儿鸣叫，所以又叫"百舌鸟"。

天气不太稳定，有时候会突然下雷雨、刮大风，如果再来一场冰雹灾害，已经成熟的麦子可要遭殃了。这时候，人们与天气争时间，抢在天气变糟糕之前收割麦子，然后抓紧时间运回家脱粒、晾晒，最后存入粮仓。

端午节

农历五月初五是我国的传统节日——端午节。大多数年份，端午节都在芒种时节到来。传说端午节是为了纪念中国历史上伟大的爱国诗人——屈原。屈原是楚国的一位贤臣。楚国郢都被秦军攻破后，在公元前 278 年五月初五这一天，屈原投汨罗江自尽殉国了。以后每年的这一天，就有了赛龙舟、挂艾草、吃粽子等风俗。

/ 赛龙舟

在端午节赛龙舟的习俗，据说也是与纪念屈原有关。在赛龙舟时，要先请龙、祭神，然后往船上装龙头、龙尾。人们一边划龙舟，一边敲鼓唱歌，两岸往往站满了观看的人。

/ 挂艾草

人们在端午节这天，会用红纸把艾草绑成一束束，然后把它们挂在门上或插在门口，认为可以辟邪。其实，艾草是一种药草，插在门口，它的香味可以驱赶蚊虫。

/ 吃粽子

吃粽子是端午节的特色食俗。人们用粽叶把浸泡过的糯米和馅料包好扎住，然后放入锅中加水煮熟。糯米与粽叶的味道混在一起，特别诱人。咬一口，非常香软可口。

21

　　读一读，猜一猜，它是哪一种动物呢？告诉你，在夏天的夜里常常能听到它的叫声哦。快用彩笔给它画上颜色吧。

> 身披花棉袄，
> 唱歌呱呱叫。
> 田里捉害虫，
> 丰收立功劳。

这个穿蓑衣的东西是什么食物呢？仔细想想看，它是一种节日食品哦。

身穿绿蓑衣，
肉儿香又甜。
要脱掉蓑衣，
就会手儿黏。

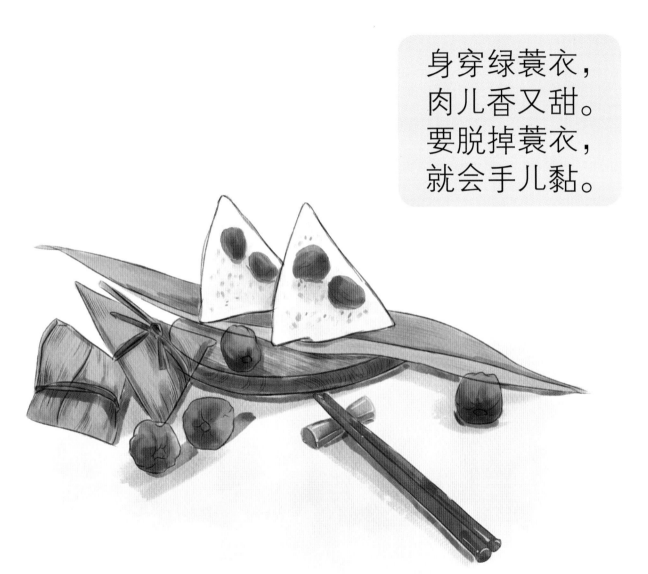

图书在版编目（CIP）数据

写给儿童的二十四节气 / 智慧轩文化编著. -- 哈尔
滨：黑龙江美术出版社，2018.8（2021.11 重印）
ISBN 978-7-5593-3242-4

Ⅰ．①写… Ⅱ．①智… Ⅲ．①二十四节气－儿童读物
Ⅳ．① P462-49

中国版本图书馆 CIP 数据核字（2018）第 109782 号

写给儿童的 二十四节气

XIEGEI ERTONG DE ERSHISI JIEQI

出品人	于　丹
编　著	智慧轩文化
责任编辑	李　疃
责任校对	徐　研
装帧设计	冯伟佳
出版发行	黑龙江美术出版社
地　址	哈尔滨市道里区安定街 225 号
邮政编码	150016
发行电话	（0451）84270511
经　销	全国新华书店
印　刷	武汉兆旭印务有限公司
开　本	889mm×1194mm　1/24
印　张	8
字　数	94 千字
版　次	2018 年 8 月第 1 版
印　次	2021 年 11 月第 2 次印刷
书　号	ISBN 978-7-5593-3242-4
定　价	120.00 元（全八册）

写给儿童的

二十四节气

【夏至 小暑 大暑】

智慧轩文化　编著

黑龙江美术出版社

HEILONGJIANG MEISHU CHUBANSHE

24 节气

一年有四个季节，每个季节有六个节气，那么，一年就有二十四个节气。每个节气又有十五天，人们把每五天划分为一候，就有初候、二候、三候。所以，二十四节气就一共有七十二候。

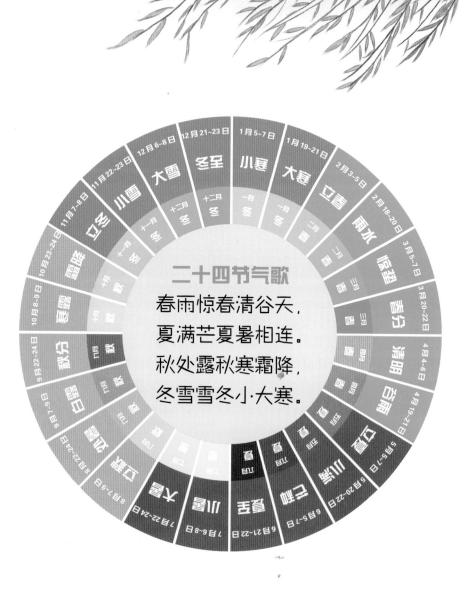

二十四节气歌

春雨惊春清谷天，
夏满芒夏暑相连。
秋处露秋寒霜降，
冬雪雪冬小·大寒。

立冬 11月7~8日
小雪 11月22~23日
大雪 12月6~8日
冬至 12月21~23日
小寒 1月5~7日
大寒 1月19~21日
立春 2月3~5日
雨水 2月18~20日
惊蛰 3月5~7日
春分 3月20~22日
清明 4月4~6日
谷雨 4月19~21日
立夏 5月5~7日
小满 5月20~22日
芒种 6月5~7日
夏至 6月21~22日
小暑 7月6~8日
大暑 7月22~24日
立秋 8月7~9日
处暑 8月22~24日
白露 9月7~9日
秋分 9月22~24日
寒露 10月8~9日
霜降 10月23~24日

爸爸："宝贝，快来吃西瓜咯！'夏日吃西瓜，药物不用抓。'这么好吃的解暑水果，馋得我都流口水了。"

小贝："爸爸，你先吃吧。小狗热得直吐舌头，我得给它洗洗澡，让它凉快凉快。"

爸爸："那得注意，不能用太凉的水给它洗澡哦，否则它会感冒的。就像人一样，不能天一热就吃太多冰冷的东西，也不能为了凉爽就去洗冷水澡。忽冷忽热的，会影响身体健康。"

小贝："知道了，爸爸。"

/ 炎夏来临

夏至一到，太阳就猛烈起来了，晒得人口干舌燥。爸爸像猴子一般爬到桃树上，摘下一个个早熟的水蜜桃。小贝看着篮子里又大又新鲜的桃子，忍不住抓起一个，擦一擦，咬一口，香甜多汁。

夏至

夏至一般是每年公历的 6 月 21 日或 22 日。这一天是我国各地一年之中，白天最长，黑夜最短的一天，而且越往北方，白昼时间越长。夏至日过后，白昼越来越短，黑夜越来越长。俗话说，"不过夏至不热"，夏至过后，炎热的天气才正式到来。

夏夜追凉

[宋 杨万里]

夜热依然午热同，
开门小立月明中。
竹深树密虫鸣处，
时有微凉不是风。

/暴雨

夏至时节，暴雨增多，常常伴随着电闪雷鸣，甚至还会刮龙卷风，容易形成洪灾。这时候如果在野外，千万不要躲到树下去避雨哦。

/夏水仙

夏水仙，也叫鹿葱。此时，细长的茎秆上没有一片叶子，光秃秃的。

5

夏至三候

初候鹿角解
二候蜩始鸣
三候半夏生

/ 初候 鹿角解

"解"是脱落的意思。鹿角年年生长、死亡、脱落，然后再生长，生长过程达三四个月。夏至时节，鹿角脱落，这时在鹿群聚集的草原，可以找到自然脱落的鹿角。

/ 二候 蜩始鸣

蜩，也就是我们常说的蝉。夏至一到，雄蝉就会"知了，知了"地鸣叫，所以人们又叫它们为"知了"。雌蝉却不能发出声音，所以被叫作"哑巴蝉"。

/ 三候 半夏生

半夏是一种中药植物，块茎可以入药，有化痰止吐的作用。它喜欢生长在沼泽地和水田中，每到盛夏，就生长得特别旺盛。

6

夏至白天长，适合好好玩一玩；冬至夜很长，可以安稳睡大觉。现在正是夏至时节，可以玩耍的项目可多了。

/ 捕蝉

找一根细长的竹竿，在竹竿的顶端粘上黏黏的面筋，来到蝉所在的树下，小心翼翼地举起竹竿，让面筋粘住蝉的翅膀，那样就能把蝉抓住。

/ 采野果

田间地头的野果子成熟了，大人们在干活儿，小孩子们就分头去摘野果子。好吃的桑葚也成熟了，一串串，小伙伴们一边摘，一边吃，快乐极了。

/ 搭草棚

天气太热，在没处遮阴的地方玩耍可不行。你折些树枝，他找些树叶，大家七手八脚地捶捶敲敲，搭好一间小草棚。然后，大家就可以躲在里面玩耍了。

7

/ 预防暴风雨

雷雨总会在下午或傍晚的时候突然下起来，有时候还刮大风，吹得庄稼左摇右摆，有些蔬菜甚至会被吹折腰。幸好，农民伯伯有经验。趁大雨还没落下来之前，他们赶紧做好防御工作，用绳子或藤条，加上竹片、木棒，把容易被吹断的甘蔗、玉米等农作物支撑起来，固定好，这样就不怕风吹雨打了。

/夏至面

夏至吃面是我国很多地方的习俗。因为夏至过后就是三伏天，那是一年中最热的时期，所以，夏至面又叫作"入伏面"。夏至前后，天气炎热，潮湿多雨，人们常常食欲不振，吃热面可以发汗去湿，吃凉面可以降温去火。

/吃荔枝

"夏日吃个荔，一年都无弊。"岭南地区的荔枝上市了。据说吃完凉面，再吃几颗荔枝，可以防止腹泻。荔枝甘甜多汁，很诱人，但是千万不要多吃。吃多了，容易身心燥热，脸上长痘。

/戴枣花

夏至时节，枣花开了。一朵朵米黄色的小花，像一颗颗小星星似的，还飘着幽香，妇女们手拉手地结伴去摘枣花，你帮我戴头上，我帮你别在发间，然后一起说："脚麻脚麻，头上戴朵枣花。"她们相信，这样做就可以治腿脚不适。

9

/ 欢乐盛夏

　　连续闷热潮湿的雨天使得家里的衣物、箱笼都发霉了。"小暑晒霉正当时"，奶奶和妈妈赶紧把家里的东西搬到屋外翻晒。爷爷笑呵呵，学古人晒书。小贝也来凑热闹，把衣服拴在竹竿上迎风吹。

小暑

小暑通常在每年公历的 7 月 6~8 日到来。"暑"是炎热的意思，"小暑"就是小热。这时候，极端炎热的天气开始登场了，农作物都进入了茁壮成长的时期，农民伯伯既要注意防晒解暑，又得追肥，防虫害，可忙了。

夏日山中
〔唐 李白〕

懒摇白羽扇，
裸袒青林中。
脱巾挂石壁，
露顶洒松风。

/ 棉花开了

小暑节气前后，地里的棉花盛开了，乳白色的花儿像天上的白云，又像好吃的奶糖。有的植株上还结出了小棉铃呢。这时候可得追肥、整枝、打杈、去老叶，让棉铃健康长大。

/ 西瓜熟了

小暑到，西瓜熟。拿把剪刀把西瓜剪下来，堆放在小推车上，然后运回家。把西瓜放泉水里浸泡或放冰箱里冷藏，过一阵子再取出来吃，又甜又凉，好吃极了。

/ 初候　温风至

小暑时节，迎面扑来的风让人感受不到凉爽，反而让人觉得热乎乎的。那是因为大地的热气升起来了，夏天也真的要热起来了。

/ 二候　蟋蟀居宇

蟋蟀的羽翼还没长好，天气又太炎热，它们只好离开田野，躲到人类的院墙下面避暑热。

/ 三候　鹰始鸷

老鹰带着刚长好翅膀的鹰宝宝出来活动了。地面被晒得滚烫，它们就飞上天空追逐上面的凉风。老鹰顺便教鹰宝宝飞翔、搏击的本领。

冬天不坐露天的石头，因为太冷，容易寒气侵体，让人感冒；夏天雨过天晴，最好不要急着去坐露天的木椅、木凳，因为木质的椅子、凳子受到雨水的冲洗，会积聚很多潮气，人在上面坐太久，容易湿气侵体，得风湿疾病。

/莲

　　莲，又称荷花。这个时节，荷花盛开了，在小伞似的绿色的大圆叶中亭亭玉立。莲不仅是美丽的风景，它所有的部位几乎都可以入药。另外，莲藕可以做菜，加工成蜜饯；荷叶还可以拿来蒸饭。真是全身都是宝啊！小暑时节，天气炎热，挖点新鲜的莲藕煲汤喝，正好可以清热、降火。

/ 钓黄鳝

人们常说："小暑黄鳝赛人参。"小暑前后一个月的黄鳝最滋补，最好吃。黄鳝喜欢住在山塘、水洞泥穴里，常常白天睡觉，晚上出来活动。做好垂钓工具，带上蚯蚓做鱼饵，找到黄鳝的洞穴再引诱它们上钩，这也是夏天里非常有趣的事。

/ 食新

在过去，人们在小暑时节有"食新"的习俗，也就是吃新米、品新酒。小暑过后，人们就会把新割回来的稻谷碾成米，做好饭后，开始祭祀，祈求风调雨顺、五谷丰登。然后，大家聚在一起，品尝新酿好的酒。

15

大暑时节，最热的天气到来了。才干一点儿活儿，大家的衣服就被汗浸湿了。于是，大家结伴坐在树荫下乘凉，还不停地拿着草帽扇风。等汗干了，爸爸抱着小贝到田边的小河里游泳。刚碰到清清的河水，小贝就高兴地大叫起来："好凉快呀！"

大暑

大暑是夏季的最后一个季节，通常在公历的 7 月 22~24 日到来。这时，天气到了最炎热的时候。田间作物生长得十分迅速，但是暴雨仍然会突然来临，所以，农民伯伯仍要注意预防洪涝灾害。干旱的地方，也要做好抗旱保收的准备。

夏晚纳凉

【明 瞿佑】

竹床藤簟晚凉天，
卧看星河小院偏。
云影恰如衣暂薄，
月华那得扇长圆。
清泉冷浸冰盘果，
嘉树香笼宝鼎烟。
想是高楼风更爽，
玉人闲按十三弦。

/ 蘑菇冒头

大雨之后，蘑菇从土里冒出了小脑袋。这时正是蘑菇疯长的时候，采点儿回家煲汤，美味又解暑。不过，野生的蘑菇大多都有毒，越好看的往往毒性越强，千万别碰。

/ 凤仙花开

凤仙花在炎热的夏天开花了，一朵朵长得像蝴蝶似的，粉红的、大红的、紫色的、白黄的、洒金的，漂亮极了。 红色的凤仙花的汁液还可以给指甲涂色，所以也叫"指甲花"。

/ 初候 腐草为萤

腐草，就是枯草。在陆地上生长的萤火虫把卵产在枯草上，到了盛夏，小萤火虫就破卵而出。所以，古人就认为萤火虫是枯草变成的。

/ 二候 土润溽暑

"溽"是闷热、湿润的意思。"土润溽暑"说的就是土壤湿度大，天气闷热。大暑时节，正处于天气最热、最潮湿的时段，也就是人们常说的"中伏"，严重影响人们的情绪。

/ 三候 大雨时行

北方地区正处于暴雨相对集中的时节。当早上的湿热之气升至对流云层，在高空遇冷，就常在午后降下大雨。雨很大，但是很快就会停，雨后还能消解部分暑气。

18

/ 蚂蚁搬家

喜欢干燥的蚂蚁感受到空气的水分增多了，它们知道很快就会下雨，所以赶紧向高处搬家，以免洞穴被雨水淹没了。

/ 燕子低飞

下雨之前，天空的云层很厚，气压比较低。一些虫子因此飞不高，燕子便只好也飞低一些来捕捉虫子做食物。

/ 鱼儿跳跃

下雨前，气压低得让人觉得闷热，水里缺氧，鱼儿也闷得快透不过气了，纷纷跃出水面来呼吸空气。

/ 防暑避暑

　　天气这么炎热，容易令人中暑。不过，聪明的人们有很多办法来防暑避暑：喝绿豆汤或茯茶，消解体内的暑气；铺一张竹席，坐在大树下，摇着蒲扇；拿一个水瓢，当头浇下几瓢凉水；吃根冰棍，心里凉丝丝的……

/ 斗蟋蟀

斗蟋蟀是大暑时节里一项非常受小孩子们欢迎的游戏。首先，孩子们会先到杂草丛生的地方逮蟋蟀。个子大、皮色好的蟋蟀斗起来才容易成为常胜将军。斗输的蟋蟀会后退，赢的蟋蟀会张翅长鸣。

/ 半年节

在我国宝岛台湾及福建地区，有过半年节的习俗。大暑是农历的六月，正好是全年的一半，所以，人们在这天拜神明，过半年节。

21

/节气小百科

　　俗话说，"热在三伏"。三伏天是整个夏季最炎热的一段时间，分为初伏、中伏、末伏。三伏天在夏至日后不久就来了，一直延续到立秋时节才结束。为什么三伏天那么热呢？因为从每年的春分日起，白昼越来越长，黑夜越来越短，地面白天吸收的热量不断增加，远远大于夜间散发的热量，于是天气越来越热，到了八月上旬，地面热量的积累就达到了最大极限。所以，这时候的天气就特别炎热。那么三伏天吃什么好呢？快来听听谚语怎么说的，"头伏饺子二伏面，三伏烙饼摊鸡蛋"。

/ 夏九九

夏九九，是以夏至第一天为起点，把每九天归为一九，一直到第九个九，刚好九九八十一天。其中，三九和四九是一年中最热的时段。

黄河中下游《夏至九九歌》

一九二九温升高，摇扇风扇开空调；
三九温高湿度大，冲凉洗澡来消夏；
四九炎热冠全年，打开风扇汗不断；
五九烈日当头照，无处躲来无处跑；
六九时节过立秋，清晨夜晚凉飕飕；
七九炎热将结束，夜间睡觉防凉肚；
八九到来天更凉，男女老幼加衣裳；
九九时节过白露，过冬衣被早准备。

图书在版编目（CIP）数据

写给儿童的二十四节气 / 智慧轩文化编著． -- 哈尔滨：黑龙江美术出版社，2018.8（2021.11 重印）
ISBN 978-7-5593-3242-4

Ⅰ．①写… Ⅱ．①智… Ⅲ．①二十四节气—儿童读物
Ⅳ．① P462-49

中国版本图书馆 CIP 数据核字（2018）第 109782 号

写给儿童的 二十四节气

XIEGEI ERTONG DE ERSHISI JIEQI

出 品 人	于 丹	
编 著	智慧轩文化	
责任编辑	李 曈	
责任校对	徐 研	
装帧设计	冯伟佳	
出版发行	黑龙江美术出版社	
地 址	哈尔滨市道里区安定街 225 号	
邮政编码	150016	
发行电话	（0451）84270511	
经 销	全国新华书店	
印 刷	武汉兆旭印务有限公司	
开 本	889mm×1194mm 1/24	
印 张	8	
字 数	94 千字	
版 次	2018 年 8 月第 1 版	
印 次	2021 年 11 月第 2 次印刷	
书 号	ISBN 978-7-5593-3242-4	
定 价	120.00 元（全八册）	

本书如发现印装质量问题，请直接与印刷厂联系调换。

写给儿童的

二十四节气

【立秋 处暑 白露】

智慧轩文化　编著

黑龙江美术出版社
HEILONGJIANG MEISHU CHUBANSHE

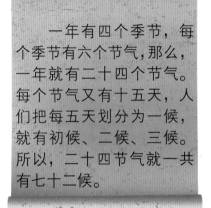

　　一年有四个季节，每个季节有六个节气，那么，一年就有二十四个节气。每个节气又有十五天，人们把每五天划分为一候，就有初候、二候、三候。所以，二十四节气就一共有七十二候。

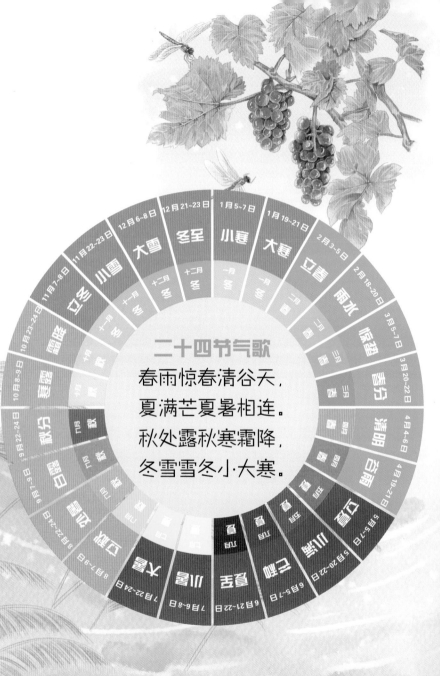

二十四节气歌

春雨惊春清谷天，
夏满芒夏暑相连。
秋处露秋寒霜降，
冬雪雪冬小·大寒。

立冬 11月7~8日
小雪 11月22日
大雪 12月6~8日
冬至 12月21~23日
小寒 1月5~7日
大寒 1月19~21日
立春 2月3~5日
雨水 2月18~20日
惊蛰 3月5~7日
春分 3月20~22日
清明 4月4~6日
谷雨 4月19~21日
立夏 5月5~7日
小满 5月20~22日
芒种 6月5~7日
夏至 6月21~22日
小暑 7月6~8日
大暑 7月22~24日
立秋 8月7~9日
处暑 8月22~24日
白露 9月7~9日
秋分 9月22~24日
寒露 10月8~9日
霜降 10月23~24日

小贝："奶奶，稻子黄了，是秋天来了吗？"

奶奶："是的，宝贝。不光是稻子，就连高粱、玉米、枣子都成熟了。秋天是个丰收的季节呀。"

小贝："可是，为什么叶子一到秋天就会变黄掉下来呢？难道叶子也会成熟？"

奶奶："那是因为秋天一到，气温会越来越低，空气会很干燥，植物的根吸收水分就变得很困难了。而叶子变黄脱落，就是为了让根储存足够的水分，安全地过冬。"

/秋高气爽

　　立秋一到，秋天就来了。天气晴好，小贝跟着爸爸和妈妈捡回一些楸叶，然后剪成各种有趣又好看的花样，别在胸前。妈妈还用楸叶给小贝做了一顶帽子，说："戴上楸叶帽，遮阴又消暑，平平安安过一秋。"小贝摸着帽子，喜欢极了。

立秋

立秋是秋季的第一天，一般是在公历的8月7~9日间到来。立秋之后，炎热即将消退，秋凉快要来到。草木开始结果了，稻子由青变黄了，人们就要进入收获的季节。立秋之后，早晚会逐渐有凉意，午间却还是比较炎热。不过，还不能看到落叶满地的景象。

秋夕
[唐 杜牧]

银烛秋光冷画屏，
轻罗小扇扑流萤。
天阶夜色凉如水，
坐看牵牛织女星。

/ 秋雨淋淋

秋雨下起来了，驱散了炎热的暑气，带给人们清凉。即将成熟的庄稼被秋雨洗干净了，黄得发亮。秋雨低声唱着，好像在说："丰收的季节到了！"

/ 葡萄熟了

葡萄熟了，一颗颗，一串串，晶莹剔透，挂满枝头。摘下一串，尝一口，甜滋滋、凉丝丝的，味道真好。

/ 初候　凉风至

立秋之后，气温仍然很高，但是暑气消减了不少，风儿不再带着温热，轻轻一吹，好凉爽。

/ 二候　白露降

这时候，白天日照仍然很强烈，晚上吹凉风，于是昼夜温差有点儿大。清晨时，空气中的水蒸气形成了一层白雾，凝结在室外的植物上，形成晶莹的露珠。

立秋三候

初候凉风至

二候白露降

三候寒蝉鸣

/ 三候　寒蝉鸣

寒蝉是立秋之后叫声低微的蝉。天气凉了，寒蝉吃饱喝足了，就懒洋洋地小声鸣叫，不再像夏蝉那样放声高歌了。

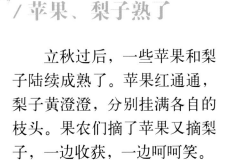

/ 苹果、梨子熟了

立秋过后，一些苹果和梨子陆续成熟了。苹果红通通，梨子黄澄澄，分别挂满各自的枝头。果农们摘了苹果又摘梨子，一边收获，一边呵呵笑。

/ 庄稼成熟

玉米快熟了，水稻也黄了……风一吹，田野就像一张会动的金黄色地毯。啊，人们喜欢金黄色的秋天！

/ 稻草人

庄稼成熟了，馋嘴的鸟儿要来偷吃了。农民伯伯在田边立起一个个稻草人。风儿一吹，稻草人的衣服飘动起来，把鸟儿吓跑了。

7

　　农历七月初七是七夕节，又叫乞巧节，一般在立秋日的前后几天到来。这个节日来源于牛郎织女的爱情传说。传说在每年的这一天晚上，喜鹊从四面八方飞来，在天河上搭桥，让牛郎和织女在天河上相会。所以，人们认为七夕节是我国的情人节。人们还传说在这一天晚上，躲在瓜棚或葡萄架下，就能听到牛郎和织女在说话。

/ 对月穿针

　　相传织女是很擅长织布的仙女，所以，在七夕节的晚上，有些地方的女孩儿对着月亮穿针线，祈求织女赐予巧技，让自己拥有一双像织女那样灵巧的手。

/ 咬秋

　　人们有在立秋这天吃西瓜的习俗，叫作"咬秋"，也叫"咬瓜"。"咬秋"寓意炎炎盛夏让人很难受，忽然立秋到了，就将它紧紧咬住不放。人们还相信，立秋吃西瓜，可以防腹泻，避免生痱子。

/ 贴秋膘

　　"贴秋膘"是立秋的一个民俗。人们在立秋这天用悬秤称体重，将体重和立夏时的体重相比，体重减轻了就叫"苦夏"。于是，瘦了的人要大"贴秋膘"，也就是吃营养丰富的美味食物，补补身子。

/ 秋意渐浓

处暑到了，秋凉来袭，天高云淡，正是秋游的好时候。向日葵已经开了，黄澄澄，一片片，大脸儿花朵高高地挂在茎秆顶端，对着太阳笑。小贝和小伙伴们在葵花地里互相吆喝着，兴奋地玩起了游戏。

处暑

处暑通常在每年公历的 8 月 22~24 日到来。"处"是结束的意思，"处暑"的意思是炎热的暑天结束了。处暑过后，我国大部分地区都是白天比较热，早晚比较凉，昼夜温差更大了，而且降水逐渐减少，空气会越来越干燥。

落叶

[隋 孔绍安]

早秋惊落叶，
飘零似客心。
翻飞不肯下，
犹言惜故林。

/秋老虎

天气逐渐变凉了，但是气候就像个调皮的孩子，有时候会突然变天，恢复暑天时的高温闷热天气，让人难受极了。于是，人们就把变天的气候叫作"秋老虎"。

/高粱红了

"处暑高粱遍地红"，农民伯伯拿着镰刀在高粱地里忙碌起来。因为季节的关系，他们必须赶在高粱熟透前收割完。

11

/ 初候　鹰乃祭鸟

　　老鹰已经把搏杀技能教给孩子了。处暑一到，老鹰和孩子就各自去捕杀大量的鸟类。它们把捕到的猎物排成一列，就像祭祀一样。所以，人们说"鹰乃祭鸟"。

/ 二候　天地始肃

　　秋天带着肃杀之气，白绣球等树木受不住秋天的杀气，已经开始落叶了。天地万物开始凋零，景色变得萧条，寒气逼人了。

/ 三候　禾乃登

　　"禾"指的是稻谷、黍等农作物，"登"是成熟的意思。也就是说，这时候，谷类作物已经成熟，可以准备收割了。

12

大白菜要在天气变冷之前播种移栽，因为它需要足够的热量条件，才能长得更好，获得丰收。如果播种得太迟，它没有足够的时间发育生长，收割的时候，菜包就会长得很小，而且包心不坚实。农民伯伯赶在立秋时播种大白菜，到了处暑，就可以移栽了。移栽的时候，每棵白菜苗的根部都得带一坨泥，这样才能保证移栽后快点生根，快点长大。

农谚

处暑栽白菜，有利没有害。

13

/农作物生长

处暑前后，春山芋的薯块膨胀起来了，夏山芋也开始结薯了；夏玉米进入了抽穗扬花的时期；大枣也红了；萝卜、冬小麦都要播种了。翻地，整地，播种，蓄水灌溉，追肥……农民伯伯的活儿真不少。

/中元节

每年农历七月十五是中元节。它与清明节、重阳节、除夕组成我国传统的四大祭祀节日。在这一天，人们准备好供祭祀的茶饭，祭拜祖先，祈求祖先保佑庄稼有好收成。人们还放河灯，对逝去的亲人表示悼念。

14

/ 处暑吃鸭子

处暑之后，"秋燥"就渐渐地来了。人们慢慢地感受到了燥气，皮肤、口鼻都变得干燥起来。因为鸭子味甘性凉，所以人们认为在处暑这天吃鸭子，可以使夏季时积蓄在体内的湿热顺利排出。

/ 鱼儿长得快

处暑时节，天气转凉，水温正适合鱼儿生长。这时候的鱼儿吃得多，长得快，所以，鱼塘主要给鱼儿投去更多饵料，加强管理，防止鱼儿生病，让它们健康成长。

15

/白露初现

　　白露时节，太阳开始赖床了，小贝和爷爷奶奶来到瓜地时，瓜叶上还泛着晶莹的露珠呢。奶奶收南瓜，爷爷搬南瓜。小贝在瓜地的草丛里扒拉出一个长长的大冬瓜。小狗嗅了嗅，兴奋地一边转圈，一边汪汪叫，好像那是它的食物呢，惹得大家哈哈笑。

白露

白露是一年中温差最大的时节，在每年公历的 9 月 7~9 日之间到来。在这个时节的早晨，人们可以看到户外的植物上有晶莹剔透的露珠了。太阳一照，露珠反光，显得洁白无瑕。这时候，风轻云淡，天高气爽，让人觉得身心舒畅。瓜果丰收了，谷子可以收割了，冬小麦可以播种了……农民伯伯迎来了秋收、秋种的时节。

悲秋
【唐 卢殷】

秋空雁度青天远，
疏树蝉嘶白露寒。
阶下败兰犹有气，
手中团扇渐无端。

/ 花椒红了

花椒红了，星星点点，结成一串串，挂在树枝上迎风笑。白露时节，把花椒摘回家晒干，放好。麻辣的果皮做调料，或者提炼做香油；种子可以入药，也可以做肥皂。

/ 桂花开了

仲秋时节，桂花怒放，香气扑鼻，吸一口桂花香，整个人顿时神清气爽。黄色的小花一簇簇，摘下来晒干，可以做成花茶，也可以酿成桂花酒，做成桂花糕，用处可多了。

17

/ 初候　鸿雁来

北方的天气变凉了，鸿雁开始从北方飞来南方了。它们还是那么有秩序，排出"一"字形，或排成"人"字形，飞到南方过冬。

/ 二候　玄鸟归

玄鸟就是燕子。它们也感受到天气转凉了，于是迫不及待地和家人一起飞回比较温暖的南方过冬。

/ 三候　群鸟养羞

"养"是指储存，"羞"是指美味的食物。已经是仲秋时节了，不久，寒冷的冬天就会到来，啄木鸟、喜鹊、斑鸠等鸟儿纷纷储存过冬的食物。

18

打核桃

白露时节,打完红枣,核桃也熟了。小小的核桃高高地挂在树上,大人拿着竹篙对着枝头猛打,核桃就像大雨一样落下来,小孩子提着篮子捡核桃。核桃也叫胡桃、长寿果,是很有营养的温补食品。白露后天气渐凉,吃核桃正好可以滋补一下。

谷子熟了

稻谷熟了,农民伯伯抓紧时间把它们收割回来,然后脱粒、翻晒、扬场、上囤。"上囤",就是把晒好的谷子封好,存到粮仓里去。这样,谷子就可以放很久了。需要的时候,再取一部分出来碾成米。

19

/ 喝白露茶

茶树经过夏季的酷热之后，到了白露时节，生长得正好。在这个时节采摘制作的茶，非常甘醇清香，被人们称为白露茶。

/ 吃龙眼

福州等地有"白露必吃龙眼"的说法。人们相信，在白露这天吃一颗龙眼，可以收获相当于吃一只鸡的奇效。龙眼肉多汁甜，核儿小，是很美味又具有食疗效果的水果。

/ 酿白露米酒

在湖南等地有在白露时节，家家户户酿酒的习俗。大家把这天酿的酒叫作"白露米酒"。白露米酒是用高粱、糯米酿造而成的，尝一口，温热的滋味中还带有一点儿甜。

/白露勿露身

俗话说："白露勿露身，早晚要叮咛。"白露时节，天气转凉，大人总会告诫家里的孩子，不能再穿背心短裤了。入了秋，早晚温差大，人们就要穿长衣长裤。凉席也该收起来了，薄棉被也得拿出来备用了，否则容易受凉。

/热水泡脚

白露之后，天气凉，大人、小孩儿都应该把袜子穿起来了，因为脚心最容易被寒气侵袭，那样也容易得感冒。老年人更要注意。睡觉之前，用热水泡一泡双脚，不但可以消除一天的疲劳，还可以延年益寿呢。

/ 小小气象员

　　天气变凉了，你知道是有多凉吗？早午晚的温差比较大，那又是多大呢？你想知道答案，就动手测测看。把立秋、处暑、白露这三天的早午晚的温度测一下，然后用不同颜色的笔在图里画出度数，再比比看。

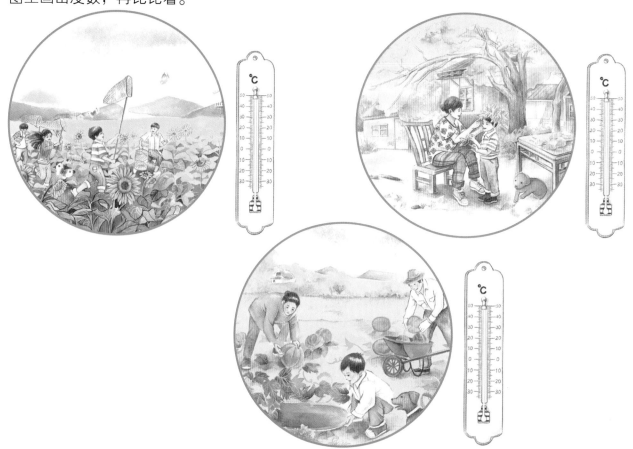

　　兔子牙牙有一个菜园子，到了立秋、处暑、白露的时候，牙牙的菜园子分别呈现出了不同的景象，就像下面画的三幅图一样。可是糊涂的牙牙分不清它们的顺序。你能按照节气的顺序，给它们标上正确的序号吗？仔细观察植物的变化，试试看。

图书在版编目（CIP）数据

写给儿童的二十四节气 ／ 智慧轩文化编著 . -- 哈尔
滨：黑龙江美术出版社，2018.8（2021.11 重印）
ISBN 978-7-5593-3242-4

Ⅰ．①写⋯ Ⅱ．①智⋯ Ⅲ．①二十四节气－儿童读物
Ⅳ．① P462-49

中国版本图书馆 CIP 数据核字（2018）第 109782 号

写给儿童的 二十四节气

XIEGEI ERTONG DE ERSHISI JIEQI

出品人	于 丹
编 著	智慧轩文化
责任编辑	李 瞳
责任校对	徐 研
装帧设计	冯伟佳
出版发行	黑龙江美术出版社
地 址	哈尔滨市道里区安定街 225 号
邮政编码	150016
发行电话	（0451）84270511
经 销	全国新华书店
印 刷	武汉兆旭印务有限公司
开 本	889mm×1194mm 1/24
印 张	8
字 数	94 千字
版 次	2018 年 8 月第 1 版
印 次	2021 年 11 月第 2 次印刷
书 号	ISBN 978-7-5593-3242-4
定 价	120.00 元（全八册）

写给儿童的
二十四节气
【秋分 寒露 霜降】

智慧轩文化　编著

黑龙江美术出版社
HEILONGJIANG MEISHU CHUBANSHE

/ 24 节气

　　一年有四个季节，每个季节有六个节气，那么，一年就有二十四个节气。每个节气又有十五天，人们把每五天划分为一候，就有初候、二候、三候。所以，二十四节气就一共有七十二候。

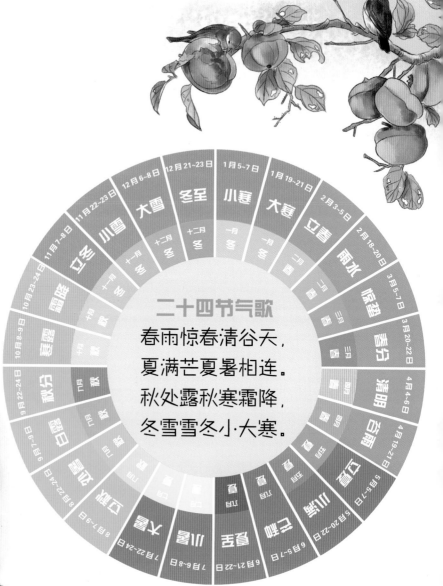

二十四节气歌

春雨惊春清谷天，
夏满芒夏暑相连。
秋处露秋寒霜降，
冬雪雪冬小·大寒。

奶奶："我的宝贝，快来穿袜子。要是着凉了，又得打针吃药，看你怕不怕！"

小贝："奶奶，全国的小孩子这时候都得穿袜子吗？"

奶奶："大部分地区的小孩子都穿上袜子啦。我们国家那么大，从南到北，各地的气候都不太一样。在我们黄河中下游，到了霜降节气，就可以看到白色的霜花了。在南方的海南，现在还是比较热呢。而有些地方已经下雪了。"

3

/ "三秋" 大忙

　　秋分时节，葵花籽熟了，烟叶也由青转黄了；用于播种冬小麦、油菜的地也整好了；刚种下的大白菜和胡萝卜正在欢快地成长着。爷爷一边采收葵花籽，一边哼着自个儿编的小曲儿："秋收、秋种、秋管，大忙咯！摘了葵花收烟叶哟，整好地种小麦啰……"小贝觉得有趣极了，卷起一张叶子当笛子，给爷爷伴奏呢。

秋分

秋分一般是公历的 9 月 22~24 日。它是秋季九十天的中分点，这一天和春分日一样，再次把白天与黑夜平分。不过这天过后，北半球开始日短夜长，与春分后日长夜短正好相反。秋分后，天气仍然秋高气爽，秋意越来越浓。同时，人们一边抢收成熟的庄稼，一边整地、秋耕，还要对田间作物进行浇水、施肥等。

十五夜望月
[唐 王建]

中庭地白树栖鸦，
冷露无声湿桂花。
今夜月明人尽望，
不知秋思在谁家？

/ 玉米熟

秋分时节，玉米熟了。青色外衣换成了黄色外套，鲜嫩的胡须变得又干又黑。一粒粒饱满的玉米粒露出来，金黄得发亮。再不抓紧收，玉米很快就会变老。农民伯伯赶忙一筐筐地把它们挑回家。

/ 秋蟹肥

秋分时节的螃蟹最是肉嫩味美，也是最有滋补价值的时候。抓几只螃蟹回家，蒸熟或油炸，肥嫩的蟹肉让人直流口水呢。不过，螃蟹性寒，不能多吃。死了的螃蟹会有毒，买螃蟹时一定要注意买活的螃蟹。

/ 初候 雷始收声

秋分之后，降雨降水了，所以打雷和闪电的现象也减少了。古人认为雷是因为阳气盛而发声，秋分后阴气开始旺盛，所以不再打雷了。

/ 二候 蛰虫坏户

"坏"字是细土的意思。天气转凉，准备蛰伏冬眠的小动物开始躲在洞穴里面，用细土封住洞口把寒气挡在洞外，准备冬眠。

/ 三候 水始涸

秋分之后，降雨开始减少，天气越来越干燥，水汽蒸发得也很快，所以河川里的水量变少，一些水洼地也干涸了。

/ 收割大豆

秋分时节，大豆的豆荚黄了，可以收割了。那肥大的荚果弯弯的，挂满了茎干。收割回去晒干，去掉外壳，就可以储存起来。它们可以用来榨油、做豆豉、煲汤，是蛋白质很丰富的食物。

农谚

早割豆，午拾花，摊开布单砍芝麻。

/ 采摘棉花

棉桃裂开了嘴，吐出了白花花的絮，像柔软洁白的棉花糖似的。正是农忙时节，刚收割完豆子，农民伯伯又得抓紧时间摘棉花。采完的棉花还得经过加工才能做成棉衣、棉被。

/ 砍芝麻

芝麻也到了收获的时节。有些荚角裂开了，晃动一下，小小的芝麻籽都有可能掉下来，可真麻烦。农民伯伯有妙招，在芝麻旁边摊开大块的布，再把芝麻砍下来，从裂开的荚角掉出来的芝麻就掉在布上了。

/ 中秋节

　　和秋分日相近的节日，是农历八月十五中秋节。在中秋节的晚上，月亮就像一个又亮又圆的大玉盘，没有缺口，人们期盼家人像月亮一样团团圆圆，于是又把中秋节叫作"团圆节"。人们在这一天有吃月饼、登高望月、拜月的习俗，有些地方的人们还有玩花灯、舞火龙的活动。大人也常常会在这天给孩子讲《嫦娥奔月》的神话故事。

/送秋牛

秋分时节，民间有挨家挨户送《秋牛图》的习俗，也叫作"送秋牛"。图上画的是农夫耕田，寓意秋耕吉祥。

/挖秋菜

秋菜就是野苋菜。有民谣这样唱："秋汤灌脏，洗涤肝肠。阖家老少，平安健康。"所以，秋分一到，全家老小就挎着个篮子去田野里挖秋菜回家煮汤。

/粘雀子嘴

一些地方的人们在秋分日要吃汤圆，还会将一些不包馅的汤圆煮好，用细竹叉放置在田边的地坎上，希望雀子来偷吃被粘住了嘴巴，那样它们就不能破坏庄稼了。这就是人们所说的"粘雀子嘴"。

绚丽深秋

　　寒露时节，银杏树的叶子变黄了。秋风一吹，有的叶子就像一把把金色的小扇子，轻盈地飘飞下来。黄褐色的银杏果子在枝头欢快地招手，好像在说："我们成熟了。"小贝和爸爸早就在树下做好准备，开始打银杏果子啦！

寒露

寒露通常是公历的 10 月 8 日或 9 日。这是一个色彩绚丽的节气。枫叶飘红，金菊飘香，一派深秋景象。寒露来了，早上的露水更冷了。昼暖夜凉，天气开始由凉转冷。

菊花

[唐 元稹]

秋丛绕舍似陶家，
遍绕篱边日渐斜。
不是花中偏爱菊，
此花开尽更无花。

/ 收花生

寒露前后，正是收获花生的时候。先用锄头把泥土松一松，再扯住花生挨着地面的根茎用力一拔。一颗颗花生挂满根部，像一个个小小的葫芦娃，真可爱。花生可以生吃也可以煲汤，还可以榨油……用处可多了。

/ 枫叶红了

枫树的叶子红了，像一只只小手掌。风一吹，它们就欢快地拍拍手掌，挥挥手，好像在告诉人们："美丽的深秋到了。"

11

/ 初候　鸿雁来宾

寒露时，又有一些鸿雁从北方飞到南方了。那些早在白露就飞到南方的鸿雁摆起一副主人的模样，把新来的鸿雁当作客人一样招待。

/ 二候　雀入大水为蛤

深秋天寒，雀鸟不见了。每当这时候，海边就会突然出现很多蛤蜊，它们贝壳的条纹和颜色与雀鸟像极了。于是，古时候的人们就以为蛤蜊是雀鸟飞入海里变成的。

/ 三候　菊有黄花

寒露时节，各种各样的菊花都盛开了，正是观赏菊花的好时机。花朵飘香，有大有小，大的艳丽，小的可爱，真叫人喜欢。

12

/ 草垛

寒露之后，农民伯伯就要开始打草，也就是收割牧草，为牛马准备食物。于是，牧草被堆成一座座小山，和准备用来盖草棚做柴火的芦苇、稻禾、麦秆等，形成了一个个草垛。而这些草垛又成了孩子们的游戏乐园。每当这个时候，总能看到孩子们围着草垛上蹦下跳、捉迷藏的欢乐景象。

农谚

劳动间隙把草割，不愁攒个大草垛。

/ 重阳节

农历九月初九是我国的传统节日——重阳节，它总在寒露的前后到来。这时天气晴好，秋高气爽，人们纷纷出门登高望远，赏菊花，采摘茱萸插在头上或佩戴在身上，喝菊花酒，吃重阳糕。人们相信，这样可以避难消灾，步步高升。

/ 摘石榴

"九月九，摘石榴。"成熟的石榴像一个个火红的小球似的，又像一只只小灯笼，洋溢着丰收的喜庆。这种水果又甜又酸，营养丰富，还可止渴止泻。

/ 果树管理

"今年护好叶，明年结硕果。"梨子等水果已经采摘了，这时候还得根据果树的情况对果树喷药防病治虫，以免叶子掉光了；也要施肥，给果树提供充足的营养，为明年的丰收打下基础。

/ 挖山药

山药又叫淮山药、山芋，长长的根茎直直地埋在地下，往往得挖到很深的地下才能把它完整地取出来。山药营养丰富，可以养胃，是煲汤煮粥的好配料。

15

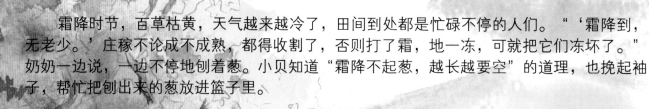

霜降时节，百草枯黄，天气越来越冷了，田间到处都是忙碌不停的人们。"'霜降到，无老少。'庄稼不论成不成熟，都得收割了，否则打了霜，地一冻，可就把它们冻坏了。"奶奶一边说，一边不停地刨着葱。小贝知道"霜降不起葱，越长越要空"的道理，也挽起袖子，帮忙把刨出来的葱放进篮子里。

霜降

霜降是秋季的最后一个节气，一般是公历的 10 月 23 日或 24 日。这时，人们可以看到红色的枫叶上铺了一层霜花或细微的冰针，那是天气突然降到 0℃以下，露水凝结而成的。初霜的降临，使得耐不住寒冷的农作物开始停止生长。落叶铺满地面，枝头渐渐变得光秃秃的了。

山行

〔唐 杜牧〕

远上寒山石径斜，
白云生处有人家。
停车坐爱枫林晚，
霜叶红于二月花。

/柿子熟了

"霜降不摘柿，硬柿变软柿。"柿子已经成熟，正是最好吃的时候。霜降不摘，柿子过熟就会变软，肉质就变坏。

/木芙蓉

水芙蓉也就是荷花，到了晚秋时节已经枯萎了，而木芙蓉正好在这个时候迎着白霜绽放。不过，它们虽然都叫芙蓉，却长得很不一样呢。

17

霜降三候

初候豺乃祭兽

二候草木黄落

三候蛰虫咸俯

/ 初候 豺乃祭兽

豺是一种和狗差不多大小的肉食动物。霜降到了,它便开始准备过冬的食物。它总是把捕到的食物像摆放祭品一样排放,所以人们说"豺乃祭兽"。

/ 二候 草木黄落

天气开始变冷,百草枯黄了,树叶也普遍变黄,飘落下来,像给地面铺上了一层黄叶毯子。大地一片深秋萧条的景象。

/ 三候 蛰虫咸俯

气温越来越低,藏在洞里的小动物太怕冷了,冬天还没到,它们就趴在洞里不吃不喝,安静地开始冬眠了。

18

番薯也叫地瓜。寒露时节，番薯正好停止膨胀；立冬时节，天气太冷，薯块会被冻硬心；霜降时节挖薯最合适。不过，农民伯伯还是得赶在下早霜之前把番薯都收回家，然后赶紧晾干储藏起来。因为冬天即将到来，天气突然变冷的情况经常发生，番薯埋在地下太久会冻坏，挖了也不耐储存，还会影响口感。

19

/ 田间管理

霜降时节，大江南北都在忙着秋收、秋耕、秋播、秋栽，犹如一幅农人深秋大忙图。萝卜该拔了，再不拔就会被冻坏。小麦、油菜也得及时播种、移栽了。收完水稻和棉花，还得把秸秆、根茬除净，然后抓紧时间翻地、整地。可不能让藏在秸秆、根茬里的虫卵和病菌安然过冬，否则明年的庄稼就会遭殃。

/ 霜降习俗

　　吃柿子是各地在霜降时节盛行的一个习俗。在黄河以北，老百姓买了柿子还会买苹果，意思为事事平安；商人则会把栗子和柿子放在一起，寓意"利市"，也就是生意兴隆。这时候也是民间撰桑叶的季节。人们采摘经霜打落地的桑叶回家煮水泡脚，那样可以改善手脚麻木的情况，也可以去除脚气水肿。在岭南地区，还盛行放风筝。

/ 玩转节气

　　小兔牙牙家开了一家小旅馆，有三个房间。第一个房间叫秋分，第二个房间叫寒露，第三个房间叫霜降。但是，这三个房间只允许与节气相应的物候旅客入住。那么，现在有哪些物候旅客进错了房间呢？请用笔标上正确序号，再把旅客请回属于自己的房间吧！

小兔牙牙在玩一个叫"爬山"的游戏，这个游戏必须按照"秋分—寒露—霜降"的顺序才能爬到山顶。那么，牙牙该怎么爬呢？

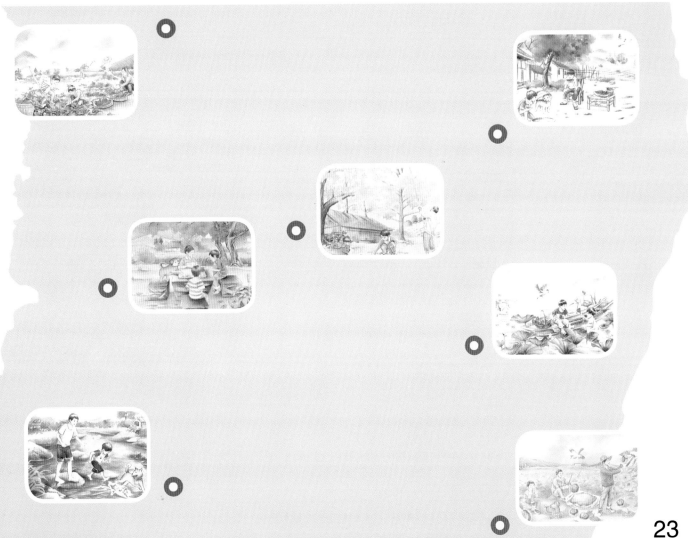

图书在版编目（CIP）数据

写给儿童的二十四节气 / 智慧轩文化编著 . -- 哈尔
滨：黑龙江美术出版社，2018.8（2021.11 重印）
ISBN 978-7-5593-3242-4

Ⅰ . ①写… Ⅱ . ①智… Ⅲ . ①二十四节气－儿童读物
Ⅳ . ① P462-49

中国版本图书馆 CIP 数据核字 (2018) 第 109782 号

写给儿童的 **二十四节气**

XIEGEI ERTONG DE ERSHISI JIEQI

出 品 人	于　丹
编　　著	智慧轩文化
责任编辑	李　瞳
责任校对	徐　研
装帧设计	冯伟佳
出版发行	黑龙江美术出版社
地　　址	哈尔滨市道里区安定街 225 号
邮政编码	150016
发行电话	（0451）84270511
经　　销	全国新华书店
印　　刷	武汉兆旭印务有限公司
开　　本	889mm×1194mm　1/24
印　　张	8
字　　数	94 千字
版　　次	2018 年 8 月第 1 版
印　　次	2021 年 11 月第 2 次印刷
书　　号	ISBN 978-7-5593-3242-4
定　　价	120.00 元（全八册）

写给儿童的 二十四节气

【立冬 小雪 大雪】

智慧轩文化　编著

黑龙江美术出版社
HEILONGJIANG MEISHU CHUBANSHE

24 节气

　　一年有四个季节，每个季节有六个节气，那么，一年就有二十四个节气。每个节气又有十五天，人们把每五天划分为一候，就有初候、二候、三候。所以，二十四节气就一共有七十二候。

二十四节气歌

春雨惊春清谷天，
夏满芒夏暑相连。
秋处露秋寒霜降，
冬雪雪冬小大寒。

2

小贝："爷爷，你常常说'春种、夏长、秋收'，那么冬天又是做什么的呢？"

爷爷："冬天呀，就叫'冬藏'。说的是农家人把秋天收获的食物藏在菜窖里储存起来；蛇和青蛙等需要冬眠的动物蛰伏在洞里睡大觉，躲避寒冷。"

小贝："哦，原来是这样呀。爷爷，那我们赶紧把菜藏到菜窖里去吧。"

爷爷："别急，宝贝，天气越来越冷了，先把帽子戴上。"

3

/ 万物冬藏

　　冬天来了，爸爸在家附近挖了一个大坑，准备做成新的菜窖。小贝迫不及待地抱着两棵大白菜走进大坑，看了看，说："这菜窖好深啊！四个我加起来还够不到菜窖口呢。"爸爸笑着说："挖得深，像爸爸这么高的人就站得下呀，而且保温强，还能储存更多的菜。"

立冬

每年公历的 11 月 7 日或 8 日是立冬日，这一天代表冬季开始了。事实上，我国各地入冬的时间不一样，北方比较早，南方比较晚。立冬前后，有些地方降雨，有些地方下雪，有些地方下雨又下雪，有些地方还结了冰。不过，各地降水都逐渐减少，天气也越来越冷。

立冬
【唐 李白】

冻笔新诗懒写，
寒炉美酒时温。
醉看墨花月白，
恍疑雪满前村。

/小阳春

立冬之后，气温下降，有时还会出现大雾天气。不过，天气还不会太冷，所以也会出现像春天三月份的暖和天气，这种天气就被称为"小阳春"。不过，这时候天气都比较干燥，要注意防火。

/寒兰开

立冬时节，很多花儿都枯萎了，寒兰却迎着寒霜悄悄地绽放了。花儿色彩艳丽，香气浓郁，真招人喜欢。

5

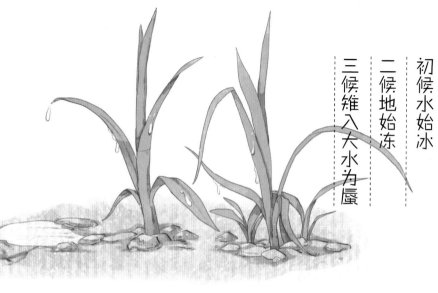

/ 初候　水始冰

北方的河面上开始结冰了，薄薄的一层。凝结在植物上的水珠也变成了晶莹的冰粒。

/ 二候　地始冻

泥土中的水分经过霜冻凝结成冰碴，把泥土包裹起来，硬硬的。如果下过雨，地面受冻还会结成一块薄冰，走在上面会有咯吱的清脆声音。

/ 三候　雉入大水为蜃

雉是野鸡一类的大鸟，蜃是大蛤。立冬之后，野鸡一类的大鸟越来越少见了，海边却出现越来越多的大蛤。因为大蛤外壳的条纹和颜色与野鸡很像，古人就认为大蛤是野鸡飞入大海变成的。

/ 腌菜

立冬刚过，正是腌菜的好时节。人们把不吃的新鲜蔬菜洗净、沥干，然后放进缸里。每铺一层菜就均匀地抹上一层盐，最后用干净的石头压住上面的菜，盖上盖子，半个月后就成为耐放的咸菜了。腌制的菜爽口好吃，非常下饭。

农谚

冬季双手不闲，春季吃穿不难。

/ 织冬衣

天气越来越冷，保暖衣物少不了。趁着还不是特别寒冷，织好毛衣、毛裤、帽子、围巾、手套、袜子，准备过冬。

/ 酿醋和制酱

立冬之后，农活儿少了，家家户户开始酿醋、制酱。酿醋和制酱都须把调好的配料放进缸里或坛里发酵。做好的醋和酱料可以给食物调味，让人食欲大开。

/冬灌

"麦子要长好，冬灌少不了。"及时适量地给冬小麦等作物浇水，可以保存土壤中的水分，也可以让藏在土里的害虫窒息而死，保护作物健康成长。

/弹棉花

"弹棉花"是我国的一种传统手工艺。冬天来了，乡村的"弹棉花"生意就跟着兴旺起来。把棉花去籽之后，弹棉郎用弦弓来弹。随着一声声弦响、一片片花飞，一堆棉花就被压成一条整整齐齐的被褥，神奇极了。

在立冬日，我国各地都有不一样的食俗。南方的人们喜欢吃鸡鸭鱼肉补身子，北方的人们喜欢吃饺子。

/ 北方吃饺子

饺子有"交子之时"的意思，在除夕夜吃饺子代表新旧交替，在立冬日吃饺子则表示秋冬季节的交替。

/ 岭南吃甘蔗

"立冬食蔗不会齿痛"是岭南潮汕地区的谚语。人们相信在这天吃甘蔗，可以保护牙齿，还有滋补的效果。

/ 江南吃咸肉菜饭

在立冬日吃咸肉菜饭是江南苏州人家的习俗。人们准备好霜打后的苏州大青菜和肥瘦兼半的咸肉、苏州白米，然后在用砖块砌成的灶上煮，这样做成的咸肉菜饭非常好吃。

爸爸和妈妈正在用茅草堵住牛圈的一个窟窿。爸爸说："冬天的时候，必须把牛圈和马棚堵严，否则冷风吹进去，会把牛和马冻坏。"刚说完，雨水就夹着雪花飘下来了。小贝抱着茅草追着雪花跑，兴奋极了，因为他想堆雪人很久了。

小雪

小雪一般是每年公历的 11 月 22 日或 23 日，表示降雪的起始时间和雪量的大小。小雪时节，由于天气寒冷，我国北方大部分地区气温降到 0℃ 以下。这时候的雪量不大，而且很容易融化，有时还会夹着雨水降下来。

小雪
【唐 戴叔伦】

花雪随风不厌看，
更多还肯失林峦。
愁人正在书窗下，
一片飞来一片寒。

/ 湿雪和雨夹雪

小雪时节的雪常常是半冻半融状态，这样的气象被称为"湿雪"。而雪夹着雨水降下来的气象则叫作"雨夹雪"。

/ 水仙花开

小雪时节，水仙花开了。碧绿色的如同韭菜一样的叶子之间，黄白色的花儿秀丽极了，像一位清秀的姑娘，还散发着扑鼻的清香。

小雪三候

初候虹藏不见
二候天腾地降
三候闭塞成冬

/初候 虹藏不见

北方的气温这时候都比较低，因此降雪多了，不再下雨了，雨后才会出现的彩虹也因此看不见了。

/二候 天腾地降

天空阳气上升，地下阴气也下降，导致阴阳不交，天地不通，所以万物都失去了生机。

/三候 闭塞成冬

由于天气寒冷，天地间冰雪一片，万物的生长几乎停止，人们出行也受到影响，所以古人说："闭塞成冬，万物不通。"

我国北方很多地区缺水，不能对作物进行冬灌，于是容易发生干旱灾害。在这种情况下，哪怕是一点儿水也是作物的救命符。正巧，小雪时节下雪了，农民纷纷把雪扫成一堆，运到田里去，这样就可以为作物幼苗保温，并且防止土壤水分的流失，让作物渡过"旱关"，还能减少病虫害。

13

腊肉

"冬腊风腌，蓄以御冬。"小雪时节，天冷又干燥，正是加工腊肉的好时候。农家人纷纷把腌制过的肉悬挂在通风的屋檐下让自然风吹，大概半个月后就可以取下来做菜了。腊肉比较耐存，可以放到明年春天。

糍粑

糍粑是南方地区的一种传统食物，古时候的人们拿它来祭祀神灵。小雪时节，人们把糯米蒸熟，再放到石槽里用石锤或者芦竹捣成泥状，然后捏成饼状，放在锅里煎。虽然手工打糍粑很费力，但是做出来的糍粑柔软细腻，味道很好。

/ 储藏蔬菜

　　菜窖做好了，就可以储藏蔬菜了。白菜是主要的储藏对象。农家人收获白菜后，会将白菜晾晒三四天，等到白菜外面的叶子变软了，就移到地下菜窖储藏。另外，萝卜、番薯、大豆、南瓜等蔬菜也要储藏好。北方的冬天是很寒冷的，所以，农家人会往菜窖的顶上铺上玉米秆或茅草作为盖子防冻。

15

大雪纷飞

　　大雪簌簌下了一夜，雪地洁白得像一片盐海。天刚亮，小贝就呼朋引伴，一起到屋外玩雪。你滚一个小雪球，我滚一个大雪球，打雪仗，堆雪人……大家玩得可愉快了！

16

大雪

每年公历的 12 月 7 日前后是大雪，它和小雪、雨水、谷雨等节气一样，是直接反映降水的节气。这时候，降雪量增多了，黄河流域的地面开始有积雪。天气更加寒冷了，越冬作物须采取有效措施防止冻害。大人和小孩儿都要防寒保暖。

夜雪
【唐 白居易】

已讶衾枕冷，
复见窗户明。
夜深知雪重，
时闻折竹声。

雾凇

北方这时候已经是"千里冰封，万里雪飘"，还有美丽的雾凇景象可以观赏。空气中没有凝结的水蒸气在树枝上不断积聚，结成白色不透明的粒状沉淀物。树枝被雾凇包裹着，整棵树看上去就像披了一头银白色的长发。所以雾凇又叫作"树挂"。

17

初候 鹃鸥不鸣

鹃鸥就是寒号鸟。大雪时节，天气更寒冷了，喜欢在夜里鸣叫的寒号鸟也因此停止鸣叫了。

二候 虎始交

每到大雪时节，老虎就开始寻找伴侣，因为它们要准备孕育虎宝宝了。

三候 荔挺出

荔挺是一种花开无香的草。这时候，它竟然能不畏风雪，抽出嫩芽，顽强生长，真是植物界的小勇士！

化雪地结冰，
上路要慢行。

/ 小心慢行

　　雪化成水，水又结成冰，地面就像一块光滑的镜子似的。无论大人还是小孩儿，走路时一不小心就会摔个四脚朝天。所以，我们出门的时候，首先得穿上防滑的鞋子，走路时要小心慢走，不要跑来跑去。车胎也容易打滑，所以走路时要注意看清左右来往的车辆，注意听汽车鸣笛，与汽车保持安全的距离。

/ 扫雪

雪下得很大，地面和屋顶都积了厚厚的一层雪。人们纷纷拿出扫把、铲子把路上的积雪扫掉，这样才能正常出行。房顶上的积雪也要扫掉，否则雪化了，又会结冰，那样房子可就被冻坏，不耐住了。

/ 滑雪

滑雪是大人、小孩儿都喜欢的一项运动。雪橇、滑雪板、滑雪鞋、滑雪杖、滑雪服、滑雪镜等，都是滑雪时会用到的工具。

/ 腌肉

"小雪腌菜，大雪腌肉。"腌肉是比腊肉更耐放的一种加工食品，可以放半年甚至一年。做腌肉时，要加盐腌制，然后放缸里封存大概十天，再取出来晾干，最后还得往缸里加盐储存。

/ 吃饴糖

在大雪时节，我国北方的很多地区有吃饴糖的习俗。饴糖是用米、大麦、小麦、粟或玉米等粮食经发酵制成的，分为软糖和硬糖。不但小孩儿爱吃，老人和妇女也喜欢吃，因为他们认为在大雪时候吃饴糖，可以滋补身体。

21

/ 玩转节气

　　小兔牙牙最喜欢蹦蹦跳跳，瞧，牙牙正在玩"跳格子"游戏。可是，游戏只能横跳或竖跳，而且必须按照"立冬—小雪—大雪"的顺序，才能拿到胜利的旗子。那么，牙牙该怎么跳呢？

/ 小小气象站

冬天的天气有时候比较糟糕，严重影响人们出行。认识各种天气情况，对我们的出行和生活都有好处哦。

立冬时节会出现雾霾天气，能见度很低，人们往往看不清楚前面的路况，只能看到白茫茫的一片。这时候出行，一定要注意安全。而且雾霾是由大气中积累的水汽和污染微粒结合形成的，出行时记得戴口罩哦。

小雪节气以来，我国东部地区常常会出现大范围的大风降温天气，一定要注意防风保暖哦。

小雪时节，有时候会出现雨夹雪的天气，这时候比较寒冷，路面比较湿滑，要注意防寒防滑，出行时最好带上雨伞。

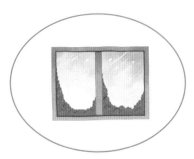

大雪之后，有时候会出现暴风雪天气，这时候气温很低，最好待在家里，关好门窗，防风保暖。如果出行，尽量不要去山林等地方，避免被困住。

图书在版编目（CIP）数据

写给儿童的二十四节气 / 智慧轩文化编著 . -- 哈尔滨：黑龙江美术出版社，2018.8（2021.11 重印）
ISBN 978-7-5593-3242-4

Ⅰ . ①写… Ⅱ . ①智… Ⅲ . ①二十四节气－儿童读物
Ⅳ . ① P462-49

中国版本图书馆 CIP 数据核字（2018）第 109782 号

XIEGEI ERTONG DE ERSHISI JIEQI

出 品 人	于 丹
编 著	智慧轩文化
责任编辑	李 瞳
责任校对	徐 研
装帧设计	冯伟佳
出版发行	黑龙江美术出版社
地 址	哈尔滨市道里区安定街 225 号
邮政编码	150016
发行电话	（0451）84270511
经 销	全国新华书店
印 刷	武汉兆旭印务有限公司
开 本	889mm×1194mm 1/24
印 张	8
字 数	94 千字
版 次	2018 年 8 月第 1 版
印 次	2021 年 11 月第 2 次印刷
书 号	ISBN 978-7-5593-3242-4
定 价	120.00 元（全八册）

写给儿童的

二十四节气

【冬至 小寒 大寒】

智慧轩文化　编著

黑龙江美术出版社

HEILONGJIANG MEISHU CHUBANSHE

24 节气

　　一年有四个季节，每个季节有六个节气，那么，一年就有二十四个节气。每个节气又有十五天，人们把每五天划分为一候，就有初候、二候、三候。所以，二十四节气就一共有七十二候。

二十四节气歌
春雨惊春清谷天，
夏满芒夏暑相连。
秋处露秋寒霜降，
冬雪雪冬小·大寒。

2

小贝：“爷爷，雪那么厚，不会把麦苗冻坏吗？”

爷爷：“宝贝，大雪对农作物有很多好处呢。大雪盖在麦苗上，能提升地温，也能把害虫闷死；雪融化成水时还能给麦苗保墒，防止春旱，麦苗就能顺利过冬，健康成长呀。这就叫'瑞雪兆丰年'。”

3

冬至日一大早，奶奶就张罗着包饺子，说："冬至不端饺子碗，冻掉耳朵没人管。"不一会儿，一只只长得像耳朵似的胖饺子就已经整齐地排成了一列。小贝也有模有样地来帮忙，却总是把饺子捏得一头大一头小。

4

冬至

冬至既是节气，又是我国的一个传统节日，总在公历的 12 月 21~23 日到来。这一天是北半球全年白天最短，夜晚最长的一天。这天之后，白天越来越长，夜晚越来越短，和夏至日正好相反。冬至之后，气温仍然继续下降，并且开始进入数九寒天，也就是我国各地区最冷的时期。

邯郸冬至夜思家

邯郸驿里逢冬至，
抱膝灯前影伴身。
想得家中夜深坐，
还应说着远行人。

【唐　白居易】

/ 圣诞红

圣诞红又叫一品红、象牙红。冬至时节花开正盛，绿色的叶子簇拥着红色的苞叶，黄绿色的小碎花藏在苞叶之间，偷偷地看人间。正巧赶上圣诞节，圣诞红摆满街头，鲜红一片，真喜庆。

/初候 蚯蚓结

冬至时节，天气太冷，蚯蚓藏在土里蜷缩着身子睡觉。等到暖和的春天到来，它才会伸展身体活动。

/二候 麋角解

麋鹿长得头似马，身似驴，蹄似牛，角似鹿，所以人们称它是"四不像"。它和鹿是同科动物，却阴阳不同。古人认为麋鹿的角朝后生，所以为阴，而冬至时阳气开始升起，麋鹿感到阴气渐退，角就自然脱落了。

/三候 水泉动

冬至时节，没有结冰的山泉水和冰下水感受到阳气，开始潺潺流动，并且带着温热。

6

/ 冬至吃萝卜

冬天是人人进补的季节。人们常说"冬至萝卜赛人参"，说的就是冬至吃萝卜最滋补了。萝卜有祛痰癖、止咳嗽、解消渴的作用，冬天吃萝卜可以预防疾病，有利于身体健康。而且，在冬至夜，熬一锅萝卜汤，大家围坐在一起吃个团圆饭，真是幸福极了。

/ 夏至吃姜

夏至之后，天气十分炎热，人们食欲不好，经常吃冰冻的东西和凉菜，容易脾胃虚寒。而姜可以增进食欲、祛风散寒，所以夏至吃姜是最适合的了。

/ 勤晒被

冬至之后开始进入最寒冷的时期，南方常常有阴雨浓雾，空气潮湿，北方更是天寒地冻。睡觉时，被子冰冷冷的，像受了潮一样，让人很不舒服。而且被褥上的细菌和微生物在人体分泌的汗水及油脂中很容易繁殖，影响人的身体健康。这时候，人们应该勤晒被子。因为阳光中的紫外线有强烈的杀菌消毒作用，可以杀死各种细菌和微生物；而且，经日光曝晒后的被褥会更加干爽、蓬松，盖起来就更加柔软、舒服啦。

过冬节

人们常说"冬至大于年"，这说明人们非常重视冬至这个节日。冬至节又叫冬节、过冬节。我国的许多地方保留着很多庆祝冬节的特色习俗。有些地方在冬至日吃馄饨，有些地方吃菜包，有些地方吃饺子，有些地方吃鸡母狗粿。鸡母狗粿很特别，是一种米塑，是用米粉捏成的各种小巧玲珑的动物或瓜果，特别可爱。

隆冬腊月

　　入冬不久，家里的母羊生了一只小羊羔，小贝喜欢极了。可是小寒之后，天气越来越冷，冻得小羊羔瑟瑟发抖。于是，爸爸和妈妈赶紧给小羊羔铺了厚厚的一层草垫，挂起草帘挡风。小贝也来帮忙，拿着装有温水的奶瓶给小羊羔喂水。小羊羔喝得可欢快了。

小寒

小寒一般在公历的 1 月 5~7 日到来。此时我国的东北北部地区已经是冰雕玉砌的世界了，而我国南方地区则比较温暖。俗话说"小寒大寒，冻作一团"，北方地区的瓜菜容易遭受冻寒，因此这时在北方，蔬菜会卖得比较贵。

腊八
[清 夏仁虎]

腊八家家煮粥多，
大臣特派到雍和。
圣慈亦是当今佛，
进奉熬成第二锅。

/蜡梅绽放

蜡梅在农历十二月初开花。它与开在冬末初春的梅花是不同的品种。蜡梅的花朵亮黄，花瓣表面像涂了一层蜡烛一样的蜡，散发着幽香。所以，有诗赞道："枝横碧玉天然瘦，恋破黄金分外香。"

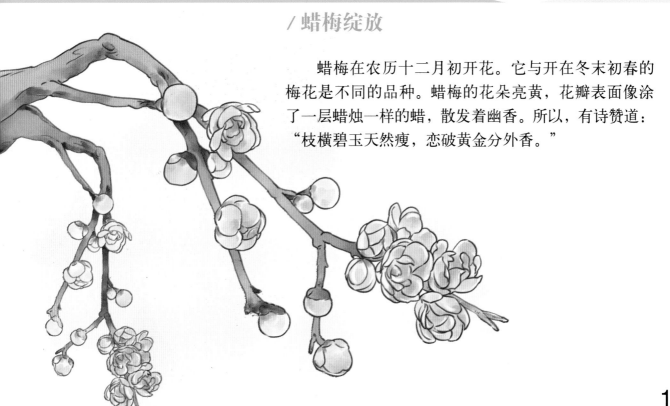

/ 初候 雁北乡

北方仍然是冰天雪地，但是春天的脚步已经近了，于是，能感知气候变化的大雁开始由南向北迁移。

/ 二候 鹊始巢

喜鹊也知道气候要变了，纷纷跳上光秃秃的枝头开始筑巢，为寒冷的北方增添了生机。

/ 三候 雉雊

"雊"是鸣叫的意思。小寒时节，野鸡一类的大鸟也因为感受到阳气的生长而开始叫个不停了。

12

/ 冷在三九

小寒日过了几天之后，开始进入人们常说的最冷的"三九天"。在许多年份，小寒时节的天气比大寒时要冷得多。在北方地区，人们常常可以看到滴水成冰的现象。此时，河面上的冰已经结得很厚了，小孩子们都喜欢在河面溜冰；大人也喜欢凿一个窟窿，悠闲地钓鱼。东北地区的人们还可以看冰灯、冰雕。与"冰"相关的娱乐真是多姿多彩极了。

农谚

小寒大寒，滴水成冰。

13

　　农历十二月初八是腊八节。在这一天，人们有吃腊八粥、腊八面，泡腊八蒜的习俗。人们往腊八粥里加入各种蔬菜和五谷杂粮，既庆祝丰收，又希望在新的一年里，各种庄稼都有好收成。在以面食为主的北方，人们会用混合了许多食材的腊八面代替腊八粥。有些地方的人们会在腊八这天用醋腌制蒜，并称它为"腊八蒜"。腊八蒜混合着醋香和蒜香，味道很特别，揭开坛盖，香味就扑鼻而来，让人嘴馋。

/ 涮火锅

　　北风呼呼地吹，雪花簌簌地下，大家围成一桌涮火锅是最热闹的事情。圆圆的丸子，肥瘦兼半的羊肉、牛肉，和各种新鲜配菜在火锅里翻滚，腾腾热气让大家暖和极了。不过，生肉一定要涮熟透，刚涮好的菜太烫不适宜马上吃，而且火锅虽好吃，但吃多了容易上火，要注意哦。

/ 磨豆腐

　　每到年末，家家户户就忙着迎接新年。这时候，有的农家人会准备好黄豆和石磨，开始磨豆腐。经过各种工序之后，孩子们喜欢吃的豆腐脑、水豆腐和豆腐干就做成了。

/ 岁末大寒

大寒一到，春节就不远了。奶奶趁着农闲，给小贝缝制了一件新衣裳。小贝试穿了一下，真合适！正想穿出去给大伙儿瞧一瞧，奶奶就叫住他，说："新衣服要在新年的第一天穿，新年新气象，那才是辞旧迎新呀。"小贝听了，认真地点点头。

大寒

大寒是二十四节气中的最后一个节气，通常是从公历的 1 月 19~21 日开始。这个时节还是处于"三九天"，经常会有寒潮南下，风大，积雪不化，总是一片冰天雪地的严寒景象。不过，新年就快到了，人人都忙着为过年做准备呢。

题寒江钓雪图

[清 释敬安]

垂钓板桥东，
雪压蓑衣冷。
江寒水不流，
鱼嚼梅花影。

岁寒三友

梅花、松树、竹子在最寒冷的大寒时节，仍然保持着顽强的生命力，因此被称为"岁寒三友"。松树和竹子是经久不凋、四季常青的，梅花则在冬天最寒冷的时候绽放，所以梅花得到的赞扬更多。

17

/ 初候 鸡乳

大寒时节，母鸡感受到阳气的升起，于是开始孵化小鸡了。

/ 二候 征鸟厉疾

征鸟是指老鹰。这时候，善于搏击的老鹰仍然杀气很重，在天空中飞来飞去地搜寻猎物，以补充能量，抵御寒冷。

/ 三候 水泽腹坚

在一年的最后几天里，水域中央也结冰了，而且冰块很坚实。

18

/ 小年节

在除夕之前还有一个小年节，它是大寒时节中的一个非常重要的节日。各地小年节的时间不太一样，大多数的地方是在腊月二十三日，有些地方是在腊月二十四日。传说小年节是灶王爷上天的日子。灶王爷就是玉皇大帝派到人间察看人类善恶的神仙，每到小年节这天就要上天汇报情况。这时候，家家户户都要备好祭品祭灶，送灶王爷上天。在小年节之后，家家户户就开始院里院外地扫尘，贴窗花，干干净净、喜气洋洋地迎接新年。

19

/ 赶婚

过了小年节，人们认为诸神上了天，就百无禁忌了。于是，结婚都不用挑日子了，直至年底，举行结婚典礼的就特别多，人们称这是"赶婚"。

/ 赶年集

随着春节的临近，人们穿得漂漂亮亮的，叫上朋友一起去赶集买年货。这就叫"赶年集"。赶完集回来，人人都拿着几袋子年货，春联、祭品、年菜、鞭炮……应有尽有。

/ 北方农事

节日的气氛越来越浓，但是农事也不耽搁。地里没有什么活儿，农民伯伯就忙着积肥堆肥，为开春做准备。捡马粪、拾牛粪、收集草灰……把粪肥都集中在一处。农民伯伯可不嫌它们脏，因为它们可是好宝贝。

/ 南方农事

南方没有北方冷，小麦和其他作物仍然在生长。这时候，南方的农民伯伯就忙着给农作物防冻、清沟，给小麦和油菜追施冬肥。停雪之后，还要及时摇落果树枝条上的积雪，否则大风一吹，就会把枝干压裂。

21

/ 冬九九

和"夏九九"相对应的，是"冬九九"。冬九九是从冬至日这天开始算起，每九天为一九，于是就有了"一九""二九""三九"……一直到"九九"。其中，"三九"和"四九"是一年中最冷的时候，对应公历的一月份。好多地方都有一首朗朗上口的《冬至九九歌》。人们可以通过歌谣了解各地的气候现象。

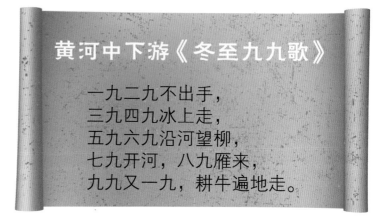

黄河中下游《冬至九九歌》

一九二九不出手，
三九四九冰上走，
五九六九沿河望柳，
七九开河，八九雁来，
九九又一九，耕牛遍地走。

/ 九九消寒图

　　从冬至日开始，民间有涂画《九九消寒图》的习俗。这也是一个传统游戏。你也来玩一玩吧！下面的梅花图有九朵梅花，分别代表"一九""二九""三九"……"九九"；每朵梅花又分别有九片花瓣，每一片花瓣代表一天。请你从冬至日开始，每天给一片花瓣涂上颜色吧。如果那天是晴天，请涂红色；如果是阴天，请涂蓝色；如果是雨天，请涂绿色；如果刮大风，请涂黄色；如果下雪，请不要涂色。一直涂到"九九"的最后一天，再看看效果吧。

图书在版编目（CIP）数据

写给儿童的二十四节气 / 智慧轩文化编著 . -- 哈尔滨 : 黑龙江美术出版社，2018.8（2021.11 重印）
ISBN 978-7-5593-3242-4

Ⅰ . ①写… Ⅱ . ①智… Ⅲ . ①二十四节气－儿童读物 Ⅳ . ① P462-49

中国版本图书馆 CIP 数据核字（2018）第 109782 号

写给儿童的 **二十四节气**

XIEGEI ERTONG DE ERSHISI JIEQI

出 品 人	于 丹
编 著	智慧轩文化
责任编辑	李 曈
责任校对	徐 研
装帧设计	冯伟佳
出版发行	黑龙江美术出版社
地 址	哈尔滨市道里区安定街 225 号
邮政编码	150016
发行电话	（0451）84270511
经 销	全国新华书店
印 刷	武汉兆旭印务有限公司
开 本	889mm×1194mm 1/24
印 张	8
字 数	94 千字
版 次	2018 年 8 月第 1 版
印 次	2021 年 11 月第 2 次印刷
书 号	ISBN 978-7-5593-3242-4
定 价	120.00 元（全八册）

本书如发现印装质量问题，请直接与印刷厂联系调换。